普通高等教育"十一五"国家级规划教材
荣获华东地区大学出版社第七届优秀教材、学术专著二等奖

园林制图与识图

（第 2 版）

谷 康　付喜娥　编著

东南大学出版社·南京

内 容 提 要

本书着意成为一本图文并茂、通俗易懂、理论与实践相结合的入门教材。内容包括园林制图的基础知识、园林设计要素的表现、园林设计图及结构、设备施工图的制图与识图等，并增加了思考与练习及其答案。本书旨在使初学者通过学习，掌握园林设计图的制图识图知识技能，为以后专业课学习打下扎实的基础。

本书为高等职业技术教育园林专业教材，也可供园林设计爱好者以及城市和建筑等其他环境设计专业的有关人员参考。

图书在版编目(CIP)数据

园林制图与识图/谷康,付喜娥编著. —2版. —
南京:东南大学出版社,2010.9(2020.8重印)
高等院校园林专业系列教材/王浩主编
ISBN 978－7－5641－2428－1

Ⅰ.①园… Ⅱ.①谷… ②付… Ⅲ.①园林设计—建筑制图—高等学校—教材 ②造园林—工程制图—识图—高等学校—教材 Ⅳ.①TU986.2

中国版本图书馆 CIP 数据核字(2010)第 175938 号

东南大学出版社出版发行
(南京四牌楼2号 邮编210096)
出版人:江建中
南京理工大学资产经营有限公司排版 南京工大印务有限公司印刷
全国各地新华书店经销
开本:787mm×1092mm 1/16 印张:14 字数:341千
2010年9月第2版 2020年8月第8次印刷
ISBN 978－7－5641－2428－1
印数:77001—79000 定价:27.50元
本社图书若有印装质量问题,请直接与读者服务部联系。电话(传真):025-83792328

高等职业技术教育园林专业系列教材

编审委员会

主任委员　薛建辉
委　　员　嵇保中　汤庚国　倪筱琴
　　　　　谭淮滨　王　浩　芦建国
秘　　书　薛新华　祝遵凌

出 版 前 言

高等职业技术教育中的园林专业是应我国社会主义现代化建设的需要而诞生的,是我国林业高等教育的重要专业之一,该专业的教育目标是培养服务于生产、管理第一线的"一专多能"的应用型园林专业人才。

高职园林专业有其自身的特点,要求毕业生既能熟悉园林规划设计,又能进行园林植物培育及其应用(如花卉生产、树木栽培、插花、盆景制作等)、园林植物养护管理及园林工程施工管理等技术和管理工作,所以在教学中要突出对学生实践操作能力的训练与培养。根据这一要求,为培养合格人才,提高教学质量,必须有一套好的教材。但目前还没有相应的教材可供使用。南京林业大学高职园林专业是江苏省高职专业改革试点专业之一。我们组织了在高职园林专业教学上有丰富经验的教师,编写了这一套系列教材,准备在两年内陆续出版,以满足高职园林专业学习之需。

结合高职园林专业的教学特点,本套教材力求语言精炼,图文并茂,深入浅出,通俗易懂,做到科学性与实用性并重。这套教材可供园林专业和其他相近专业的教师、学生以及园林工作者学习和参考之用。

编写这套教材是一项探索性工作,教材中定会有不少疏漏不足之处,还需在教学实践中不断改进、完善。本套教材经过多年的使用,广大读者提出了许多宝贵意见,我们在再版时均作了进一步修改和充实。

联系方式:南京四牌楼 2 号　东南大学出版社　姜　来编辑
　　　　　邮编:210096
　　　　　Tel:86-25-83793254
　　　　　Fax:86-25-83790507
　　　　　E-mail:oliviajl@163.com

高等职业技术教育园林专业系列教材编审委员会
2010 年 6 月

第2版前言

本版保留了原书的结构与框架,针对读者反馈信息,主要在以下几方面进行了增补与修改:

1) 增加了练习与参考答案部分内容,方便初学者巩固知识;

2) 增加了相关章节的图示内容,以识图、制图为目标,配以必要的文字说明,以形象的图示语言表达知识点,便于学生学习掌握;

3) 将教材中出现的各类标准、规范更新为最新版本;

本次修订工作由谷康和同济大学的付喜娥博士共同完成。教材在编写和修订的过程中参考了许多园林和相关专业的教材、专著,在此深表谢意。原教材自2001年出版以来,受到了许多院校的欢迎,老师们提出了非常宝贵意见,特此表示感谢。本教材还得到了高等职业技术教育园林专业系列教材专业教学指导委员会全体委员的指导和帮助;教材修订过程中得到了曹静怡、王志楠、李淑娟等研究生的大力协助,使得本教材修订工作顺利进行,在此一并表示感谢!

编 者
2010年8月

修 订 版 前 言

　　本书是在参阅了东南大学出版社出版的《园林制图》的基础上，根据高等职业技术教育的特点和要求，加入相关的内容编写而成的。这次依据部分用书学校的反馈意见和新颁布的国家标准，特邀请了在设计第一线工作的编者结合自身实践经验对本书的部分章节进行了修编。编写分工如下：南京林业大学风景园林系讲师谷康（第 2、3、4、5 章），南京林业大学设计院工程师姚松（第 1、6、9 章），南京林业大学设计院高级工程师刘仲蔚（第 1、7、10 章），南京林业大学设计院高级工程师范旭红（第 1、8、10 章）。

　　南京林业大学风景园林学院院长王浩教授担任了本书的主审工作。本书在编写过程中还参阅了一些著作和教材，在此特向有关作者表示衷心的感谢。

编 著 者
2005 年 1 月于南京林业大学

第1版前言

随着我国社会的发展、经济的繁荣和文化水平的提高,人们对自己所居住、生存的环境表现出越来越普遍的关注,并提出越来越高的要求。作为一门环境艺术,园林设计专业越来越受到广大青年的热爱。为了适应高等职业技术教育的需要,我们编写了这本《园林制图与识图》。

本书介绍了园林制图的基础知识、园林设计要素的表现、园林设计图及结构、设备设计图的制图与识图等。本书旨在使初学者通过学习,能够掌握园林设计图的制图与识图的基本知识和技能,为以后专业课的学习打下基础。

园林制图与识图是一门实践性很强的专业基础课。学生在这门课的学习中主要是通过听课及反复的作业练习,逐步掌握园林制图与识图的基本知识和技能。我国高等职业教育的目标是使学生在掌握基本理论知识的基础上,以能力训练为重点,培养生产第一线的高等技术应用型人才。为了适应高等职业技术教育的需要,作为低年级的教学参考用书,我们采用了图文结合的方式,力求简明一些,通俗一些,希望它能帮助初学者对基本知识和理论在形象上有些具体概念。同时在每个章节知识点后的插图尽量选用工程实例,并配有详细的文字说明,力求理论与实践相结合,使本书一目了然,通俗易懂。

对于高职的园林基础教学,各个学校都在进行探讨和改革,教学内容与方法也不尽相同,取得了不少新的经验。由于编者实践经验和理论水平限制,书中会有不少缺点和错误,恳切希望读者给予批评指正。

本书是在参阅了东南大学出版社出版的《园林制图》的基础上,根据高等职业技术教育的特点和要求,加入相关内容编写而成的。南京林业大学王浩教授担任了本书的主审工作。本书在编写过程中还参阅了一些著作和教材,在此特向有关作者表示衷心的感谢。

编 著 者

2003年10月于南京林业大学

目 录

1 园林制图基础知识 … 1
1.1 绘图工具及其使用 … 1
- 1.1.1 绘图板 … 1
- 1.1.2 丁字尺 … 1
- 1.1.3 三角板 … 3
- 1.1.4 绘图笔 … 3
- 1.1.5 圆规和分规 … 5
- 1.1.6 比例尺 … 5
- 1.1.7 其他用具 … 6

1.2 基本制图标准 … 7
- 1.2.1 图纸 … 7
- 1.2.2 图线 … 9
- 1.2.3 字体 … 10
- 1.2.4 标注和索引 … 16

1.3 绘图步骤和方法 … 21
- 1.3.1 绘图步骤 … 21
- 1.3.2 工具线条图画法 … 22
- 1.3.3 钢笔徒手线条图画法 … 23

思考与练习 … 25

2 投形的基本知识 … 27
2.1 投形的概念 … 27
- 2.1.1 中心投形——透视图 … 27
- 2.1.2 斜平行投形——轴测图 … 27
- 2.1.3 正投形 … 28

2.2 点、直线、平面正投形的基本规律 … 28
- 2.2.1 点的正投形规律 … 28
- 2.2.2 直线的正投形规律 … 28
- 2.2.3 平面的正投形规律 … 29

2.3 正投形图 … 29
- 2.3.1 三面正投形图的形成 … 30
- 2.3.2 三个投形面的展开 … 30
- 2.3.3 三面正投形图的分析 … 31
- 2.3.4 三面正投形图的作图方法 … 32

2.4 平面概念 … 33
2.5 立面概念 … 33

2.5.1　选择一个垂直的投形面F ································· 33
　　2.5.2　选择一个垂直于F的垂直投形面S ·························· 34
　　2.5.3　园林素材中建筑立面表示方法 ······························ 34
2.6　剖面概念 ··· 35
　　2.6.1　园林素材中建筑的剖面表示方法 ······························ 35
　　2.6.2　园林素材中地形和环境的剖面表示方法 ························ 36
思考与练习 ··· 37

3　植物的表现方法 ·· 39
3.1　植物的平面画法 ··· 39
　　3.1.1　乔木的平面表示方法 ······································· 40
　　3.1.2　灌木和地被物的表示方法 ···································· 41
　　3.1.3　草坪和草地的表示方法 ···································· 42
3.2　植物的立面画法 ··· 42
3.3　中华人民共和国《风景园林图例图示标准》中的植物部分 ············ 53
　　3.3.1　植物图示 ··· 53
　　3.3.2　树木形态图示 ··· 55
思考与练习 ··· 56

4　山石和水体的表示方法 ·· 58
4.1　山石的表现方法 ··· 58
4.2　中华人民共和国《风景园林图例图示标准》中的山石部分 ············ 61
4.3　水体的表示方法 ··· 61
　　4.3.1　水面的表示法 ··· 61
　　4.3.2　水体的立面表示法 ··· 63
思考与练习 ··· 67

5　地形、道路的表示方法 ·· 70
5.1　地形的表示方法 ··· 70
　　5.1.1　地形的平面表示法 ··· 70
　　5.1.2　地形剖面图的作法 ··· 74
5.2　园路的表示方法 ··· 78
　　5.2.1　园路的平面表示法 ··· 78
　　5.2.2　园路的断面表示法 ··· 81
思考与练习 ··· 83

6　园林建筑 ·· 84
6.1　园林建筑概述 ··· 84
　　6.1.1　园林建筑的特点 ·· 84
　　6.1.2　园林建筑的功能 ·· 84
6.2　园林建筑初步设计图绘制 ····································· 85
　　6.2.1　建筑总平面图 ··· 86
　　6.2.2　建筑平面图 ··· 89
　　6.2.3　建筑立面图 ··· 93
　　6.2.4　建筑剖面图 ··· 94

  6.2.5 建筑透视图 ·· 96
 作图练习 ··· 99

7 园林制图的综合表现 ··· 102
 7.1 园林制图和设计的过程 ·· 102
 7.2 园林制图中平面图的表现法 ·· 104
  7.2.1 园林制图中平面图的重要性 ·· 104
  7.2.2 平面图的表现法 ··· 104
 7.3 园林制图中立面图、剖面图表现法 ··· 104
  7.3.1 园林制图中立面图、剖面图的作用 ·· 104
  7.3.2 立面图、剖面图的表现法 ··· 106
 7.4 园林设计的效果图表现 ·· 108
  7.4.1 透视鸟瞰图及其画法 ··· 108
  7.4.2 轴测图画法 ··· 115
 作图练习 ··· 120

8 园林设计图 ··· 124
 8.1 园林设计平面图 ·· 124
  8.1.1 内容与用途 ··· 124
  8.1.2 绘制要求 ··· 124
  8.1.3 园林设计平面图的阅读 ·· 128
 8.2 地形设计图 ··· 128
  8.2.1 内容与用途 ··· 128
  8.2.2 绘制要求 ··· 128
  8.2.3 地形设计图的阅读 ·· 129
 8.3 园林植物种植设计图 ·· 131
  8.3.1 内容与用途 ··· 131
  8.3.2 绘制要求 ··· 131
  8.3.3 植物种植设计图的阅读 ·· 136
 8.4 园林建筑初步设计图及其测绘 ··· 136
 8.5 园林工程施工图的阅读 ·· 138
  8.5.1 园林建筑工程施工图 ··· 138
  8.5.2 假山工程施工图 ··· 142
  8.5.3 驳岸工程施工图 ··· 144
  8.5.4 园路工程施工图 ··· 145
 思考与练习 ·· 147

9 结构施工图 ··· 148
 9.1 概述 ··· 148
 9.2 结构施工图的常用代号及图例 ··· 148
  9.2.1 常用构件代号 ·· 148
  9.2.2 常用钢筋代号及标注 ··· 148
  9.2.3 常见钢筋图例 ·· 150
 9.3 基础图 ··· 151
  9.3.1 基础的有关概念 ··· 151
  9.3.2 基础平面图 ··· 152

	9.3.3	基础平面图的主要内容	152
	9.3.4	基础详图	152
	9.3.5	基础详图的主要内容	153
9.4	结构平面图		155
	9.4.1	结构平面图的主要内容	155
	9.4.2	楼层结构平面图	155
	9.4.3	其他结构布置图	156
9.5	钢筋混凝土构件详图		158
	9.5.1	钢筋混凝土构件详图的主要内容	158
	9.5.2	钢筋混凝土柱	159
	9.5.3	钢筋混凝土梁	160
	9.5.4	钢筋混凝土板	161
9.6	楼梯结构详图		164
	9.6.1	楼梯结构平面图	164
	9.6.2	楼梯结构剖面图	164
思考与练习			166

10 设备施工图 … 167

10.1	给水排水施工图		167
	10.1.1	给水排水施工图的组成	167
	10.1.2	给水排水施工图的特点	167
	10.1.3	室内给水排水平面图	168
	10.1.4	给水排水系统图	169
	10.1.5	给水排水详图	171
10.2	园林管线工程综合规划的编制		172
	10.2.1	园林管线工程综合规划编制	172
	10.2.2	园林管线工程综合设计编制	173
10.3	电气施工图		177
	10.3.1	正确识别国家颁布的各种电气元件符号	177
	10.3.2	电气施工图的组成	177
	10.3.3	电气平面图	178
	10.3.4	电气系统图	179
	10.3.5	电气详图	179
思考与练习			180

附录Ⅰ 常用建筑材料图例(摘自 GB/T50001—2001) … 181

附录Ⅱ 总平面图图例(摘自 GB/T50103—2001) … 183

附录Ⅲ 构造及配件图例(摘自 GB/T50104—2001) … 186

附录Ⅳ 给排水工程常用图例(摘自 GB/T50106—2001) … 190

附录Ⅴ 电气常用图例及绘制说明 … 197

参考答案 … 205

参考文献 … 211

1 园林制图基础知识

园林制图是风景园林设计的基本语言,是每个初学者必须掌握的基本技能。学习制图不仅应掌握常用制图工具的使用方法,以保证制图的质量和提高作图的效率,还必须遵照有关的制图规范进行制图,以保证制图的规范化。园林制图可沿用国家颁布的建筑制图中的有关标准,如《房屋建筑制图统一标准》(GB/T 50001—2001)作为制图的依据。另外,除采用绘图工具制图外,还必须具备徒手作图的能力。

1.1 绘图工具及其使用

在绘制园林图样时,了解常用绘图仪器与工具的构造和性能,掌握其正确使用的方法,是提高绘图水平和保证绘图质量的重要条件。

1.1.1 绘图板

绘图板是制图中最基本的工具,用来固定图纸。它的两面由胶合板组成,四周边框为硬质木条(图1.1)。绘图板的板面要平整,工作边(即短边)要平直(图1.1)。为防止图板翘曲变形,图板应防止受潮暴晒和烘烤,不能用刀具或硬质器具在图板上任意刻画。绘图板有零号(1 200 mm×900 mm)、壹号(900 mm×600 mm)和贰号(600 mm×450 mm)三种规格。

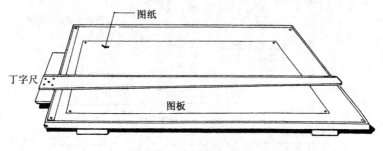

图1.1 绘图板与丁字尺

1.1.2 丁字尺

丁字尺又称T形尺,是用来画水平线的。目前使用的丁字尺大多是用有机玻璃制成的,尺头与尺身固定成90°角(图1.2)。丁字尺分为1 200 mm、900 mm、600 mm 三种规格。

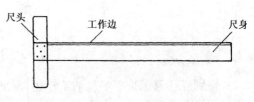

图1.2 丁字尺的结构

使用丁字尺画线时，尺头应紧靠图板左边，以左手扶尺头，使尺上下移动。要先对准位置，再用左手压住尺身，然后画线。切勿图省事推动尺身，使尺头脱离图板工作边，也不能将丁字尺靠在图板的其他边画线(图1.3)。

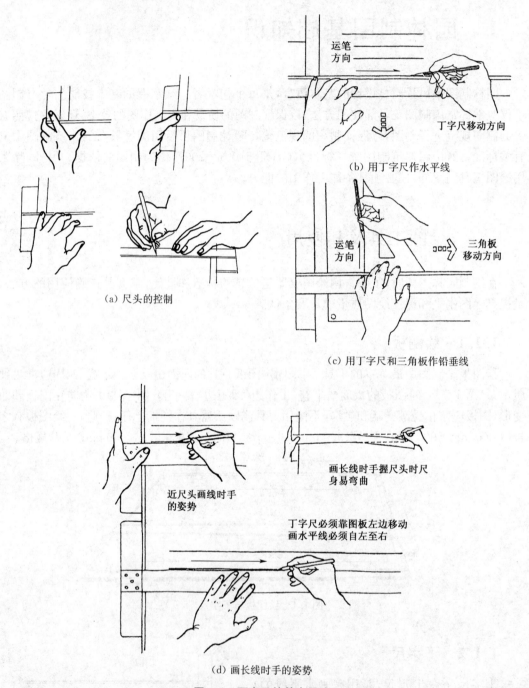

图1.3 丁字尺的基本用法

特别应注意保护丁字尺的工作边，保证其平整光滑，不能用小刀靠住尺身切割纸张。不用时应将丁字尺装在尺套内悬挂起来，防止压弯变形。

1.1.3 三角板

一副三角板有两种,一种是45°等腰直角三角形,另一种是两锐角分别为30°和60°的直角三角形(图1.4)。三角板的大小规格较多,绘图时应灵活选用。一般宜选用板面略厚,两直角边有斜坡,边上有刻度或有量角刻线的三角板。

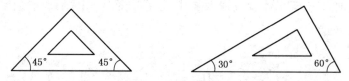

图 1.4 两种三角板

三角板应保持各边平直,避免碰摔。

三角板与丁字尺配合使用,可画垂直线及与丁字尺工作边成15°、30°、45°、60°、75°等各种斜线。两种三角板配合使用,能画出垂直线和各种斜线及其平行线(图1.5)。

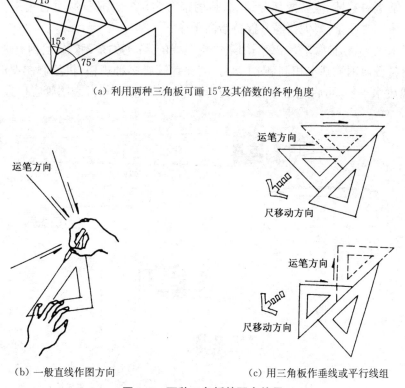

(a) 利用两种三角板可画15°及其倍数的各种角度

(b) 一般直线作图方向　　(c) 用三角板作垂线或平行线组

图 1.5 两种三角板的配合使用

1.1.4 绘图笔

绘图笔有直线笔、绘图小钢笔、绘图墨水笔等。

直线笔的笔尖形状似鸭嘴,又称鸭嘴笔,是画墨线的仪器,其笔尖由两块钢叶片组成,可用螺钉任意调整间距,确定墨线粗细。往直线笔注墨时,应用绘图小钢笔或注墨管小心地将墨水加入两块钢叶片的中间,注墨的高度为4~6 mm(图1.6)。

画线时,直线笔应位于铅垂面内,即笔杆的前后方向与纸张保持90°,使两叶片同时接触图纸,并使直线笔往前进方向倾斜5°~20°(图1.7)。画线时速度要均匀,落笔时用力不宜太重。画细线时,调整螺钉不要旋得太紧,以免笔叶变形,用完后应清洗擦净,放松螺钉后收藏好。

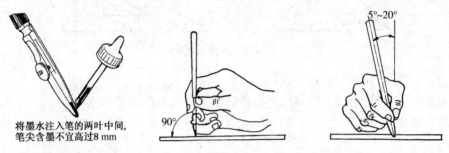

图1.6 直线笔注墨方法　　　图1.7 直线笔执笔方法

绘图小钢笔由笔杆、笔尖两部分组成,是用来写字、修改图线的,也可用来为直线笔注墨。使用时沾墨要适量,笔尖要经常保持清洁干净。

绘图墨水笔(又称针管笔)是专门用来绘制墨线的,除笔尖是钢管针且内有通针外,其余部分的构造与普通钢笔基本相同(图1.8)。笔尖针管有多种规格,供绘制图线时选用。使用时如发现流水不畅,可将笔上下梭动,当听到管内有撞击声时,表明管心已通,即可继续使用。

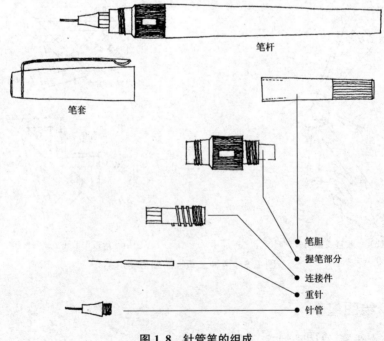

图1.8 针管笔的组成

1.1.5 圆规和分规

圆规是画圆和圆弧的工具，一条腿安装针脚，另一条腿可装上铅芯、钢针、直线笔三种插脚(图1.9)。圆规在使用前应先调整针脚，使针尖稍长于铅笔芯或直线笔的笔尖，取好半径，对准圆心，并使圆规略向旋转方向倾斜，按顺时针方向从右下角开始画圆。画圆或圆弧都应一次完成。

分规是等分线段和量取线段的工具，两腿端部均装有固定钢针。使用时，要先检查分规两腿的针尖靠拢后是否平齐。用分规将已知线段等分时，一般应采用试分的方法(图1.10)。

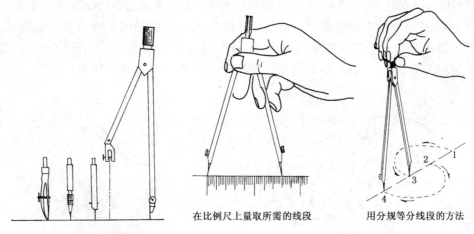

图1.9 圆规及其插脚　　　　图1.10 分规

1.1.6 比例尺

比例尺又称三棱尺(图1.11)。尺上刻有几种不同比例的刻度，可直接用它在图纸上绘出物体按该比例的实际尺寸，不需计算。常用的比例尺一般刻有6种不同的比例刻度，可根据需要选用(图1.12)。

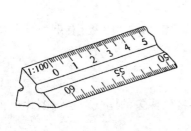

图1.11 比例尺

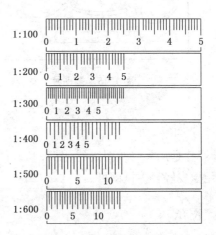

图1.12 三棱比例尺的6种比例

1.1.7 其他用具

1. 建筑模板

建筑模板上刻有多种方形孔、圆形孔、建筑图例、轴线号、详图索引号等，可用来直接绘出模板上的各种图样的符号。

2. 曲线板

曲线板是画非圆曲线的专用工具之一，有复式曲线板(图1.13)和单式曲线板两种。使用曲线板时，应根据曲线的弯曲趋势，从曲线板上选取与所画的曲线相吻合的一段描绘。吻合的点越多，所得曲线也就越光滑。每描绘一段曲线应不少于四个吻合点。描绘每段曲线时至少应包含前一段曲线的最后两个点(即与前段曲线应重复一小段)。而在本段后面至少留两个点给下一段描绘(即与后段曲线重复一小段)，这样才能保证连接光滑流畅(图1.14)。

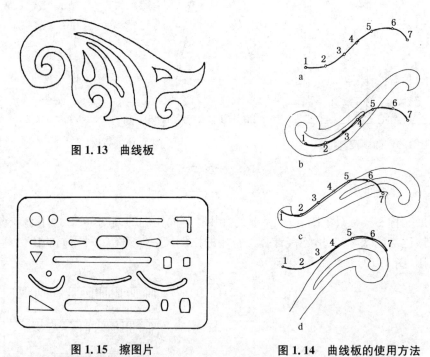

图1.13 曲线板

图1.15 擦图片　　图1.14 曲线板的使用方法

3. 擦图片

擦图片是用来修改图线的(图1.15)，使用时只要将该擦去的图线对准擦图片上相应的孔洞，用橡皮轻轻擦拭即可。

4. 图纸

图纸分绘图纸和描图纸两种。

绘图纸要求纸面洁白、质地坚硬,用橡皮擦拭不易起毛,画墨线时不洇透,图纸幅面应符合国家标准。

描图纸要求洁净、透明度好,带柔性。绘图纸不能卷曲、折叠和压皱。受潮后的描图纸不能使用,保存时应放在干燥通风处。

5. 绘图铅笔

绘图铅笔的铅芯有软硬之分,分别用字母 B 和 H 表示,B 前的数字愈大表示铅芯越软,H 前的数字愈大,表示铅芯越硬;HB 表示软硬适中。

铅笔应从没有标志的一端开始使用,以便保留标记,供使用时辨认。铅笔应削成圆锥形,削去约 30 mm,铅芯露出 6～8 mm。铅芯可在砂纸上磨成圆锥或四棱锥(图 1.16)形;前者用来画底稿、加深细线和写字,后者用来描粗线。

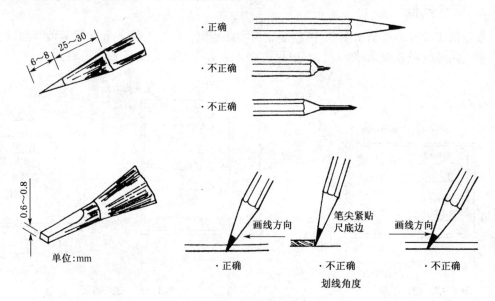

图 1.16　绘图铅笔及铅芯

1.2　基本制图标准

工程图样是工程界的技术语言,为了便于生产、经营、管理和交流技术,必须在图样的画法、图线、字体、尺寸注法、采用的符号等各方面有一个统一的标准。本章仅介绍《房屋建筑制图统一标准》(GB/T 50001—2001)中的一些基本内容。

1.2.1　图纸

为了便于使用和保管,《房屋建筑制图统一标准》对图纸的幅面、图框、格式及标题栏、会签栏作了统一的规定。

1. 图纸的幅面

规定绘图时,图样大小应符合表1.1中规定的图纸幅面尺寸。

表1.1 幅面及图框尺寸　　　　　　　　　　　　　　　　单位:mm

尺寸代号	幅面代号				
	A_0	A_1	A_2	A_3	A_4
$b \times l$	841×1 189	594×841	420×594	297×420	210×297
c	10			5	
a	25				

2. 图框规格

规定每张图样都要画出图框,图框线用粗实线绘制。图纸分横式和立式两种幅面,以短边作垂直边称为横式幅面(图1.17),以短边作水平边称为立式幅面(图1.18)。

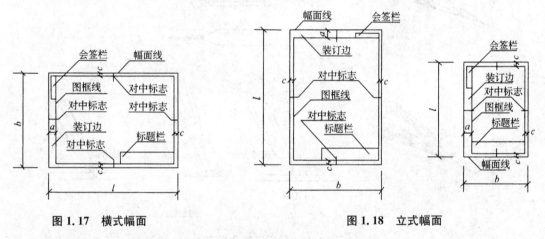

图1.17 横式幅面　　　　　　　　　　　图1.18 立式幅面

一般 $A_0 \sim A_3$ 幅面的图纸宜横式使用,必要时也可立式使用。

3. 标题栏和会签栏

标题栏应按图1.19、图1.20所示,根据工程需要选择确定其尺寸、格式及分区。签字区应包含实名列和签名列。涉外工程的标题栏内,各项主要内容的中文下方应附有译文,设计单位的上方或左方,应加"中华人民共和国"字样。

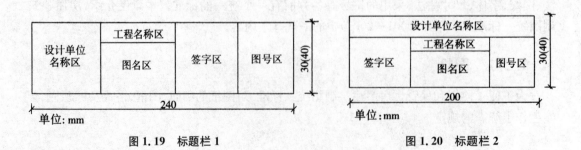

图1.19 标题栏1　　　　　　　　　　　图1.20 标题栏2

会签栏应按图 1.21 的格式绘制,其尺寸应为 100 mm×20 mm,栏内应填写会签人员所代表的专业、姓名、日期(年、月、日);一个会签栏不够时,可增加一个,两个会签栏应并列。不需会签的图纸可不设会签栏。

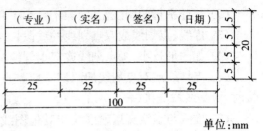

图 1.21 会签栏

1.2.2 图线

1. 线型与线宽

《房屋建筑制图统一标准》(GB/T 50001—2001)规定工程建设图应选用表 1.2 中所规定的线型。每个图样都应根据复杂程度与比例大小,先确定基本线宽 b,再选用表 1.3 中适当的线宽组。

表 1.2 线型

名 称		线 型	线 宽	一 般 用 途
实线	粗	———	b	主要可见轮廓线
	中	———	$0.5b$	可见轮廓线
	细	———	$0.25b$	可见轮廓线、图例线等
虚线	粗	- - -	b	见有关专业制图标准
	中	- - -	$0.5b$	不可见轮廓线
	细	- - -	$0.25b$	不可见轮廓线、图例线等
点划线	粗	—·—·—	b	见有关专业制图标准
	中	—·—·—	$0.5b$	见有关专业制图标准
	细	—·—·—	$0.25b$	中心线、对称线等
双点划线	粗	—··—··—	b	见有关专业制图标准
	中	—··—··—	$0.5b$	见有关专业制图标准
	细	—··—··—	$0.25b$	假想轮廓线、成型前原始轮廓线
折断线		∿	$0.25b$	断开界线
波浪线		～～	$0.25b$	断开界线

表 1.3 线宽组

线宽比	线 宽 组/mm					
b	2.0	1.4	1.0	0.7	0.5	0.35
$0.5b$	1.0	0.7	0.5	0.35	0.25	0.18
$0.25b$	0.5	0.35	0.25	0.18	—	—

2. 图线的画法

(1) 在同一张图纸内,相同比例的各图样,应选用相同的线宽组;

(2) 相互平行的图线,其间隙不宜小于其中粗线的宽度,且不宜小于 0.7 mm;
(3) 虚线、点划线或双点划线的线段长度和间隙,宜各自相等;
(4) 如图形较小,画点划线或双点划线有困难时,可用实线代替;
(5) 点划线或双点划线的两端不应是点,点划线与点划线交接或点划线与其他图线交接时,应是线段交接(表 1.4);
(6) 虚线与虚线交接或虚线与其他图线交接时,应是线段交接。虚线为实线段的延长线时,不得与实线连接(表 1.4);
(7) 图线不得与文字、数字或符号重叠、混淆,不可避免时,应首先保证文字等的清晰。

表 1.4 图线交接的画法

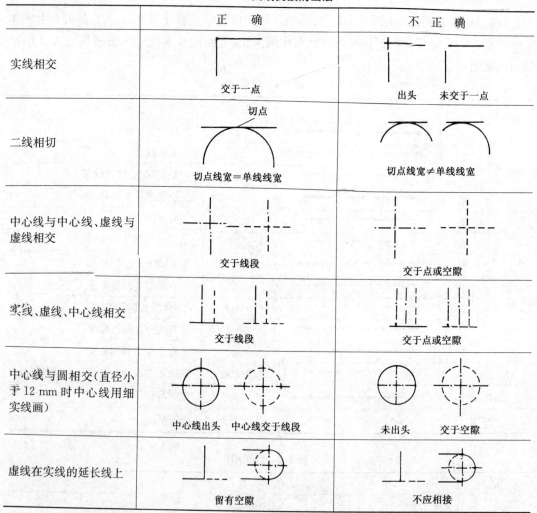

1.2.3 字体

图样和技术文件中书写的汉字、数字、字母或符号必须做到笔划清晰、字体端正、排列整齐、间隔均匀。

制图中常用的文字有汉字、阿拉伯数字及拉丁字母、罗马数字和希腊字母等。

按国家标准规定:图纸上需要书写的文字、数字或符号等,均应笔划清晰、字体端正、排列整齐,标点符号清楚正确,且必须用黑墨水写。

1. 汉字

工程图纸中的汉字,宜采用长仿宋体。大标题或图册封面等可写成黑体字。汉字的书写必须遵守国务院公布的《汉字简化方案》和有关规定。

1) 汉字的规格

汉字的规格指汉字的大小,即字高。汉字的字高用字号表示,如高为5 mm的字就为5号字。常用的字号有2.5、3.5、5、7、10、14、20等号。如需更大的字,则字高应以$\sqrt{2}$的比值递增。规定汉字的字高应不小于3.5 mm。

长仿宋体字应写成直体字,其字高和字宽应符合表1.5的规定。

表1.5 长仿宋字字高与字宽的关系 单位:mm

字高	20	14	10	7	5	3.5
字宽	14	10	7	5	3.5	2.5

2) 长仿宋字的写法

参见《技术制图——字体》(GB/T 14691—1993)。

(1) 书写长仿宋字时,应先打好字格,以便字与字之间的间隔均匀、排列整齐,书写时应做到字体满格、端正,注意起笔和落笔的笔锋顿挫且横平竖直;

(2) 书写长仿宋字时,要注意汉字的结构,并应根据汉字的不同结构特点,灵活处理偏旁和整体的关系;

(3) 每一笔划的书写都应做到干净利落、顿挫有力,不应歪曲、重叠和脱节,并特别注意起笔、落笔和转折等关键;

(4) 长仿宋字的基本笔划及例字见图1.22、图1.23。

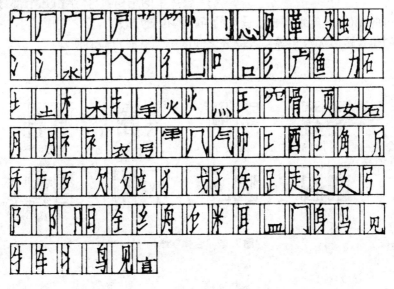

图1.22 长仿宋字的基本笔划

三平一
尤地先
上十下
武风心
月今方
北求均
大尺公
国闵面
延造之
四母
才剖倒
序安欠
力匀分
热
沙
立

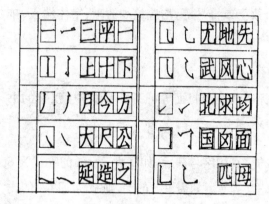

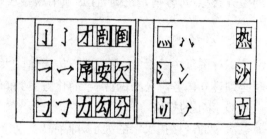

图 1.23　长仿宋字基本笔划及例字

图门 二工 月贝

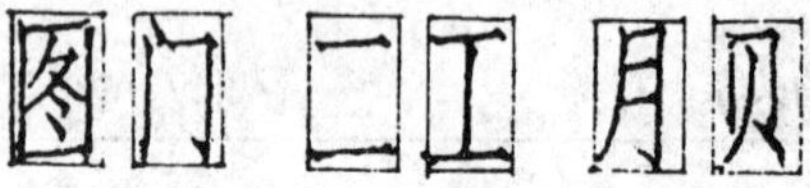

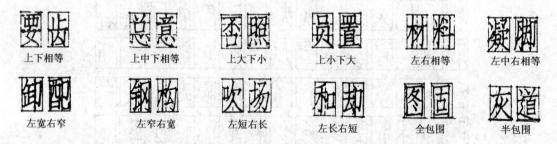

图 1.24　缩格书写

3）缩格书写

一般全包围结构的字体四周都应适当地缩格书写，凡贴边的长笔划也应适当地缩格(图 1.24)。

(1) 四周缩格：口、日、曰、国、图、门；

(2) 上下缩格：四、二、工；

(3) 左右缩格：贝、目、月。

中部量置书必

图 1.25　高宽足格

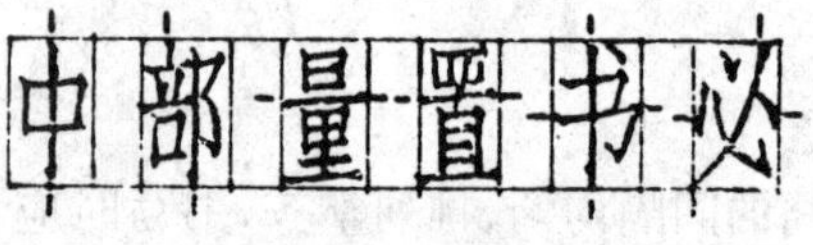

4）高宽足格

主要笔划都顶格。一个汉字，四周伸出的笔划很多，长短不一，又不能将所有的笔划顶满格子。因此必须找出一个字的宽度、高度中的主要笔划顶格。下面是表示各字的主要笔划都顶格(图 1.25)。

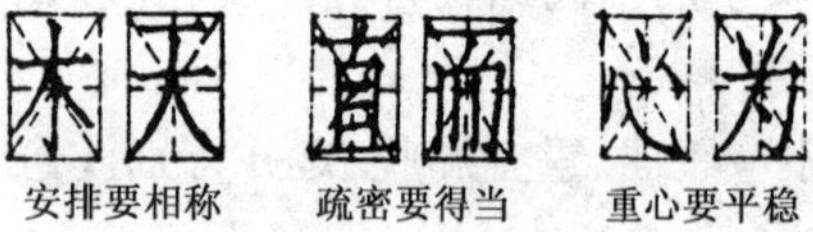

安排要相称
疏密要得当
重心要平稳

图 1.26　独体字结构

5）汉字的结构

(1) 独体字的结构(图 1.26)；

(2) 合体字的结构：合体字由几个部分组成，要注意各部分所占的比例，凡笔划较长或较多的所占的位置应较大，反之则应较小。笔划相差不多的则所占的位置也应大致相等。各部分之间的笔划有时也应有所穿插。以下各例供参考(图 1.27)。

上下相等
上中下相等
上大下小
上小下大
左右相等
左中右相等
左宽右窄
左窄右宽
左短右长
左长右短
全包围
半包围

图 1.27　合体字结构

6）黑体字的写法

(1) 黑体字也叫等线体，即笔划的粗细相等。黑体字的字形一般为正方形，且字形较大,显得醒目、有力,多用于大标题或图册封面,园林图中也常采用黑体字作标题。

(2) 书写黑体字时,应做到字形饱满有力、横平竖直;各种笔划的宽度相同,无起笔和落笔的笔锋。

(3) 黑体字的基本笔划及例字见表1.6,图1.28。

表1.6 黑体字的基本笔划及例字

北京天津上海河北内蒙
古黑龙江辽宁吉林山东
安徽福建苏台浙湖广西
壮族青海夏回云南贵州
藏省自治区地盟县市镇

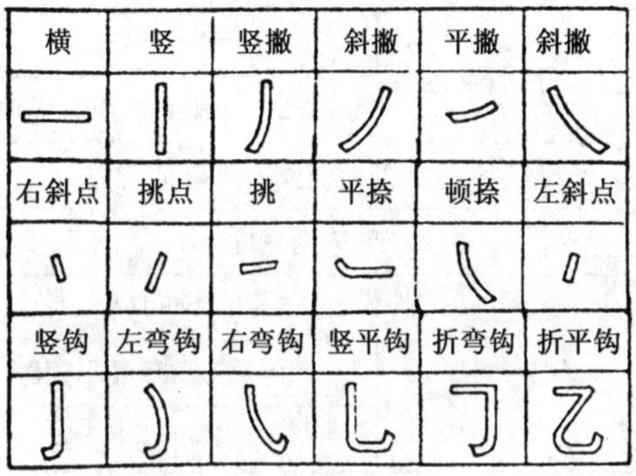

图1.28 黑体字例字

7) 老宋字的写法

老宋字的特征:字体方整,横平竖直,横细竖粗,落笔和转折处轮廓鲜明,一般常用于大标题字的书写。外形可作正方形、竖长方形或横长方形(图1.29)。

书写步骤:

(1) 用铅笔先打好格子,在格子里用铅笔描出字的骨架;

(2) 用铅笔描出字形;

(3) 用直线笔划出直线,用毛笔或钢笔描划出曲线和点撇……然后用橡皮擦去铅笔线。

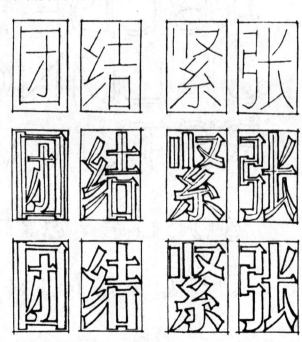

图1.29 老宋字书写步骤

2. 数字及字母的写法

工程图纸中常用到的拉丁字母、阿拉伯数字和罗马数字的书写都可根据需要写成直体或斜体。斜体的倾斜度应是从字的底线逆时针向上倾斜75°,其宽度和高度与相应的直体相同。数字与字母的字高应不小于2.5 mm。

数字及字母的书写应符合表1.7的规定。

表1.7 数字及字母书写规定

字体		一般字体	窄字体
字母高	大写字母	h	h
	小写字母(上下均无延伸)	$(7/10)h$	$(10/14)h$
小写字母向上或向下延伸部分		$(3/10)h$	$(4/14)h$
笔划宽度		$(1/10)h$	$(1/14)h$
间隔	字母间	$(2/10)h$	$(2/14)h$
	上下底线间最小间距	$(14/10)h$	$(20/14)h$
	文字间最小间距	$(6/10)h$	$(6/14)h$

注：1. 小写拉丁字母a、m、n等上下均无延伸；j上下均有延伸；b、d等向上延伸；g、p等向下延伸。

2. 字母的间隔，如需排列紧凑，可按表中最小间隔减半。

数字及字母的笔划顺序见图1.30，数字的例字见图1.31，字母的例字见图1.32。

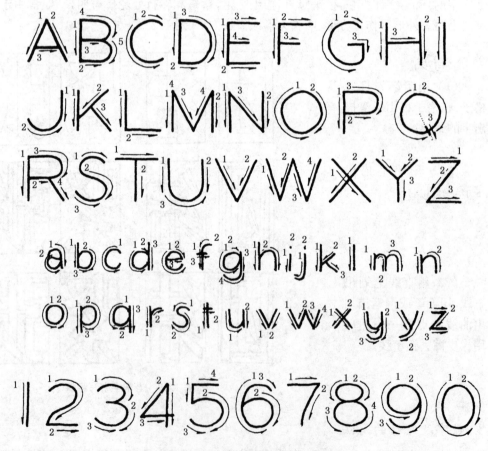

图1.30 字母和数字的笔划顺序

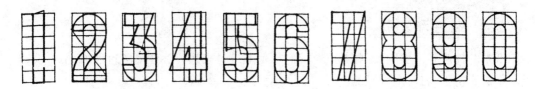

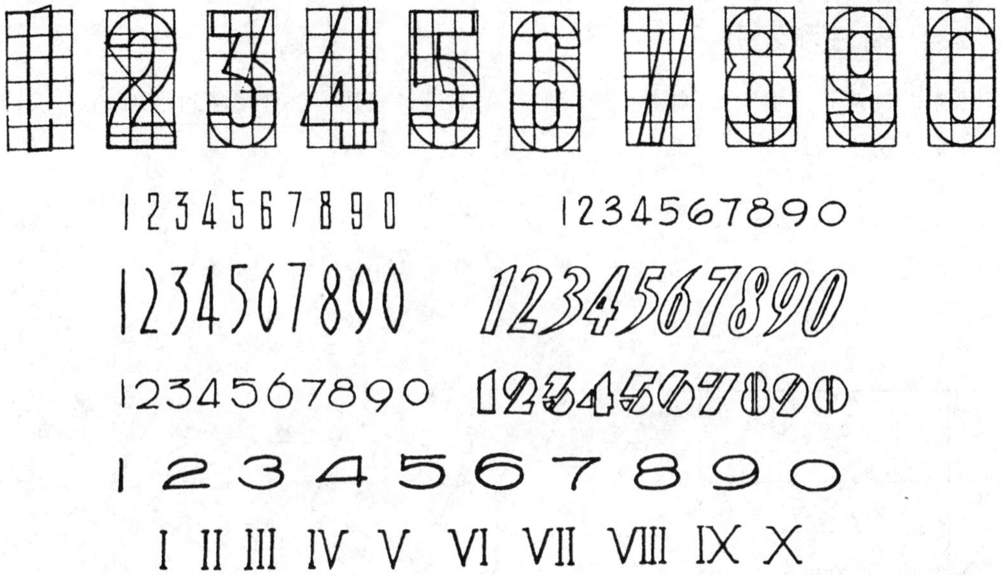

图 1.31 数字例字

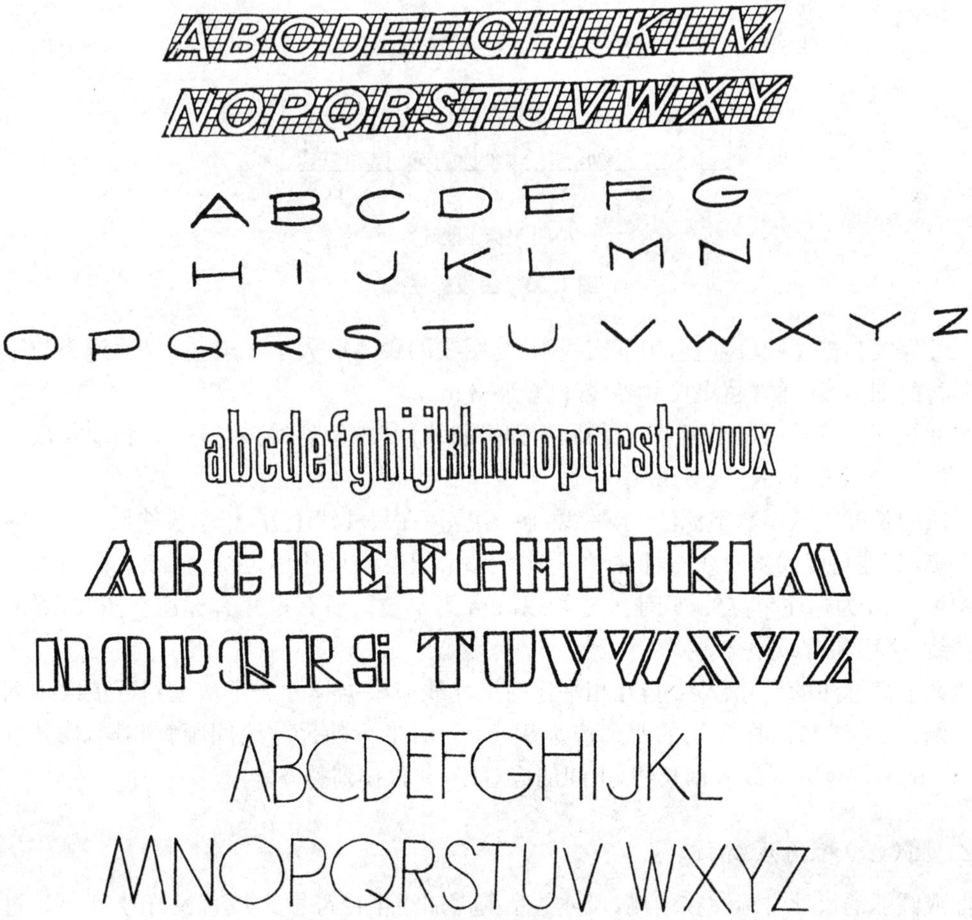

图 1.32 字母例字

1.2.4 标注和索引

图纸中的标注和索引应按制图标准正确、规范地进行表达。标注要醒目准确,不可模棱两可。索引要便于查找,不可零乱。

1. 线段的标注

线段的尺寸标注见图1.33,包括尺寸界限、尺寸线、起止符号和尺寸数字。

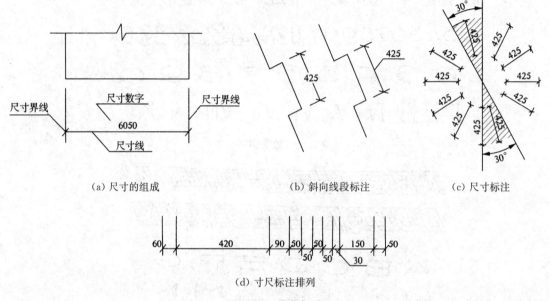

图1.33 线段标注

尺寸界线与被注线段垂直,用细实线画,与图线的距离应大于2 mm。尺寸线为与被注线段平行的细实线,通常超出尺寸界线外侧2~3 mm。

尺寸线起止符号可用小圆点、空心圆圈和短斜线,其中短斜线最常用,短斜线与尺寸线成45°角,为中粗实线,长2~3 mm。

线段的长度应该用数字标注,水平线的尺寸应标在尺寸线上方,铅垂线的尺寸应标在尺寸线左侧,其他角度的斜向线段标注参考图1.33。图中的尺寸单位统一,除了标高和总平面图中可用m为标注单位外,其他尺寸均以mm为单位。所有尺寸宜标注在图线以外,不宜与图线、文字和符号相交。

当图上需标注的尺寸较多时,互相平行的尺寸线应根据尺寸大小从远到近依次排列在图线一侧,尺寸线与图样之间的距离应大于10 mm,平行的尺寸线间距宜相同,常为7~10 mm。两端的尺寸界线应稍长些,中间的应短些,并且排列整齐。

2. 圆(弧)和角度标注

圆或圆弧的尺寸常标注在内侧,尺寸数字前需加注半径符号 R 或直径符号 D、ϕ。过大的圆弧尺寸线可用折断线,过小的可用引线(图1.34)。角度的标注见图1.35。圆(弧)、弧长和角度的标注都应使用箭头起止符号。

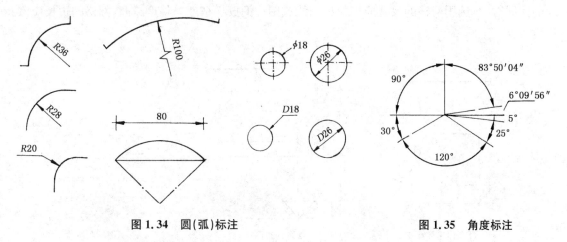

图 1.34　圆(弧)标注　　　　　　　　　图 1.35　角度标注

3. 坡度标注

坡度常用百分数、比例或比值表示。坡向采用指向下坡方向的箭头表示,坡度百分数或比例数字应标注在箭头的短线上。用比值标注坡度时,常用倒三角形标注符号,铅垂边的数字常定为1,水平边上标注比值数字(图 1.36)。

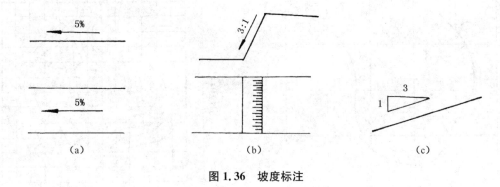

图 1.36　坡度标注

4. 标高标注

标高标注有两种形式。一是将某水平面如室内地面作为起算零点,主要用于个体建筑物图样上。标高符号为细实线绘制的倒三角形,其尖端应指至被注的高度,倒三角的水平引线为数字标注线。标高数字应以 m 为单位,注写到小数点以后第三位。二是以大地水准面或某水准点为起算零点,多用在地形图和总平面图中。标注方法与第一种相同,但标高符号宜用涂黑的三角形表示(图 1.37),标高数字可注写到小数点以后第三位。

5. 曲线标注

简单的不规则曲线可用截距法(又称坐标法)标注,较复杂的曲线可用网格法标注(图 1.38)。用截距法标注时,为了便于放样或定位,常选一些特殊方向和位置的直线,如将定位轴线作为截距轴,然后用一系列与之垂直的等距平行线标注曲线。用网格标注较复杂的曲线时,所选用网格的尺寸应能保证曲线或图样的放样精度。精度越高,网格的边长应该越短。

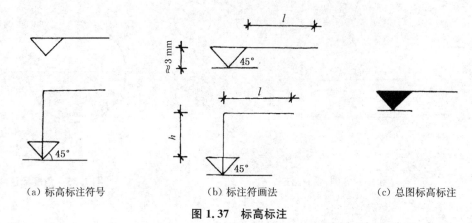

(a) 标高标注符号　　　　　(b) 标注符画法　　　　　(c) 总图标高标注

图 1.37　标高标注

l——注写标高数字的长度,应做到注写后匀称;h——高度,视需要而定

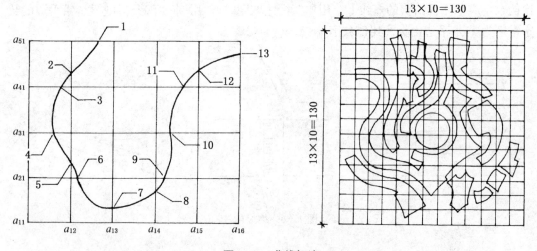

图 1.38　曲线标注

6. 索引

在绘制施工图时,为了便于查阅需要详细标注和说明的内容,应标注索引。索引符号为直径 10 mm 的细实线圆,过圆心作水平细实线将其分为上下两部分,上侧标注详图编号,下侧标注详图所在图纸的编号。涉及到标准图集的索引,下侧标注详图所在的图集中的页码,上侧标注详图所在页码中的编号,并应在引线上标注该图集的代号。如果用索引符号索引剖面详图,应在被剖切部位用粗实线标出剖切位置和方向,粗实线所在的一侧即为剖视方向。被索引的详图编号应与索引符号编号一致。详图编号常注写在直径为 14 mm 的粗实线圆内(图 1.39)。详图索引例子见图 1.40。

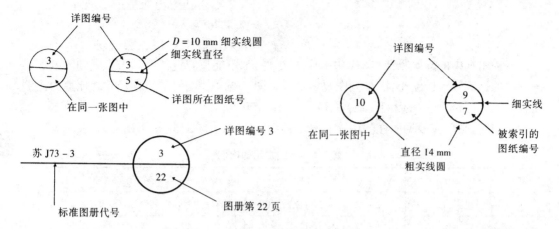

图 1.39 详图索引

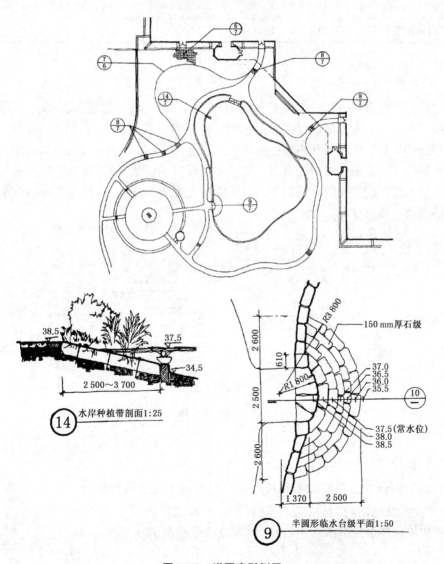

图 1.40 详图索引例子

7. 比例

工程图纸中的建筑物或机械图中的机械零件,都不能按它们的实际大小画到图纸上,需按一定的比例放大或缩小,园林制图也是这样。图形与实物相对的线性尺寸之比称为比例。比例的大小,是指比值的大小,如1∶50大于1∶100。

比例的选择,应根据图样的用途和复杂程度确定,并优先选用常用比例,如表1.8。

表1.8 绘图常用的比例

详 图	1∶2 1∶3 1∶4 1∶5 1∶10 1∶20 1∶30 1∶40 1∶50
道路绿化图	1∶50 1∶100 1∶200 1∶300 1∶150 1∶250
小游园规划图	1∶50 1∶100 1∶200 1∶300 1∶150 1∶250
居住区绿化图	1∶100 1∶200 1∶300 1∶400 1∶500 1∶1 000
公园规划图	1∶500 1∶1 000 1∶2 000

8. 引出线

引出线宜采用水平方向或与水平方向成30°、45°、60°、90°的细实线,文字说明可注写在水平线的端部或上方。索引详图的引出线应对准索引符号圆心,见图1.41(a)。同时引出几个相同部分的引出线可互相平行或集中于一点,见图1.41(b)。路面构造、水池等多层标注的共同引出线应通过被引的诸层。文字可注写在端部或上方,其顺序应与被说明的层次一致。竖向层次的共同引出线的文字说明应从上至下顺序注写,且其顺序应与从左至右被引注的层次一致,见图1.41(c)。

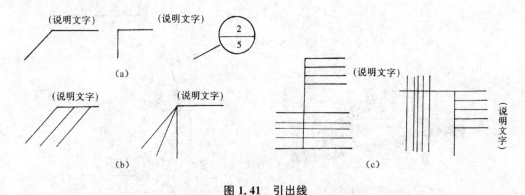

图1.41 引出线

9. 其他符号

对称符号由对称线和两对平行线组成。对称线用细点划线绘制;平行线用细实线绘制,其长度宜为6~10 mm,每对的间距宜为2~3 mm;对称线垂直平分于两对平行线,两端超出平行线宜为2~3 mm(图1.42)。

连接符号应以折断线表示需连接的部位。两部位相距过远时,折

图1.42 对称符号

断线两端靠图样一侧应标注大写拉丁字母编号。两个被连接的图样必须用相同的字母编号(图1.43)。

指北针的形状宜如图1.44所示,其圆的直径宜为24 mm,其所长用细实线绘制;指针尾部的宽度宜为3 mm,指针头部应注"北"或"N"字。需用较大直径绘制指北针时,指针尾部宽度宜为直径的1/8。

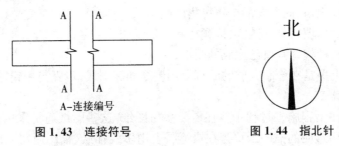

图1.43　连接符号　　　　　图1.44　指北针

1.3　绘图步骤和方法

要提高绘图效率,除了必须熟悉《房屋建筑制图统一标准》、正确熟练使用绘图工具外,还应按照一定的绘图步骤进行。

1.3.1　绘图步骤

1. 准备

(1)做好准备工作,将铅笔按照绘制不同线型的要求削好;将圆规的铅芯磨好,并调整好铅芯与针尖的高低,使针尖略长于铅芯;用干净软布把丁字尺、三角板、图板擦干净;将各种绘图用具按顺序放在固定位置,洗净双手。

(2)分析要绘制图样的对象,收集参阅有关资料,做到对所绘图样的内容、要求心中有数。

(3)根据所画图纸的要求,选定图纸幅面和比例。在选取时,必须遵守国家标准的有关规定。

(4)将大小合适的图纸用胶带纸(或绘图钉)固定在图板上。

2. 用铅笔绘制底稿

(1)按照图纸幅面的规定绘制图框,并在图纸上按规定位置绘出标题栏。

(2)合理布置图面,综合考虑标注尺寸和文字说明的位置,定出图形的中心线或外框线,避免在一张图纸上出现太空和太挤的现象,使图面匀称美观。

(3)画图形的主要轮廓线,然后再画细部。画草稿时最好用较硬的铅笔,落笔尽可能轻、细,以便修改。

(4)画尺寸线、尺寸界线和其他符号。

(5)仔细检查,擦去多余线条,完成全图底稿。

3. 加深图线、上墨或描图

(1) 加深图线　用铅笔加深图线应选用适当硬度的铅笔,并按下列顺序进行。

① 先画上方,后画下方;先画左方,后画右方;先画细线,后画粗线;先画曲线,后画直线;先画水平方向的线段,后画垂直及倾斜方向的线段。

② 同类型、同规格、同方向的图线可集中画出。

③ 画起止符号,填写尺寸数字、标题栏和其他说明。

④ 仔细核对、检查并修改已完成的图纸。

(2) 上墨　上墨是在绘制完成的底稿上用墨线加深图线,步骤与用铅笔加深基本一致,一般使用绘图墨水笔。

(3) 描图　在工程施工过程中往往需要多份图纸,这些图纸通常采用描图和晒图的方法进行。描图是用透明的描图纸覆盖在铅笔图上用墨线描绘,描图后得到的底图再通过晒图就可得到所需份数的复制图样(俗称蓝图)。

描图时应注意以下几点:

① 将原图用丁字尺校正位置后粘贴在图板上,再将描图纸平整地覆盖在原图上,用胶带纸把两者固定在一起。

② 描图时应先描圆或圆弧,从小圆或小弧开始,然后再描直线。

③ 描图时一定要耐心、细致,切忌急躁和粗心。图板要放平,墨水瓶千万不可放在图板上,以免翻倒玷污图纸。手和用具一定要保持清洁干净。

④ 描图时若画错或有墨污,一定要等墨迹干后再修改。修改时可用刀片轻轻地将画错的线或墨污刮掉。刮时底下可垫三角板,力量要轻而均匀。千万别着急,以免刮破图纸。刮过的地方要用砂橡皮擦除痕迹,最后用软橡皮擦净并压平后重描。重描时注墨不要太多。

4. 注意事项

(1) 画底图时线条宜轻而细,只要能看清楚就行。

(2) 铅笔选用的硬度:加深时粗线宜选用 HB 或 B;细实线宜用 2H 或 3H;写字宜用 H 或 HB。加深圆或圆弧时所用的铅芯,应比同类型画直线的铅笔软一号。

(3) 加深或描绘粗实线时应保证图线位置的准确,防止图线移位,影响图面质量。

(4) 使用橡皮擦拭多余线条时,应尽量缩小擦拭面,擦拭方向应与线条方向一致。

5. 指北针

指北针在建筑平面图和总图上,可明确表示建筑物的方位。指北针加风玫瑰图,还可说明此地常年主导风向,这不仅是设计师的重要依据,也是衡量建筑设计质量的标志之一。

1.3.2　工具线条图画法

用尺、规和曲线板等绘图工具绘制的,以线条特征为主的工整图样称为工具线条图。工具线条图的绘制是园林设计制图最基本的技能。绘制工具线条图应熟悉和掌握各种制图工具的用法、线条的类型、等级、所代表的意义及线条的交换。

工具线条应粗细均匀、光滑整洁、边缘挺括、交接清楚。作墨线工具线条时只考虑线条的等级变化；作铅线工具线条时除了考虑线条的等级变化外还应考虑铅芯的浓淡，使图面线条对比分明。通常剖断线最粗最浓，形体外轮廓线次之；主要特征的线条较粗较浓；次要内容的线条较细较淡。

线条的加深与加粗见图1.45。

铅笔线宜用较软的铅笔B～3B加深或加粗，然后用较硬的铅笔H～B将线边修齐。

	正确	不正确
粗线与稿线的关系：稿线应为粗线的中心线	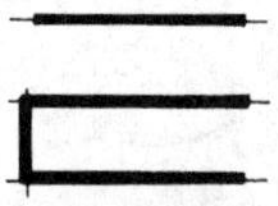	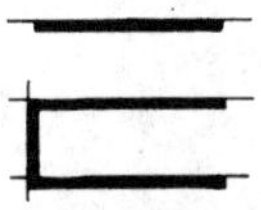
两稿线距离较近时可沿稿线向外加粗		
粗线的接头		

图1.45 线条的加深与加粗

墨线的加粗，可先画边线，再逐笔填实。如一笔就画粗线，由于下水过多，容易在起笔处胀大，纸面也容易起皱（图1.46）。

图1.46 墨线加粗方法

1.3.3 钢笔徒手线条图画法

园林设计者必须具备徒手绘制线条图的能力。因为园林图中的地形、植物和水体等需徒手绘制，且在收集素材、探讨构思、推敲方案时也需借助于徒手线条图。

绘制徒手线条图的工具很多，用不同的工具所绘制的线条的特征和图面效果虽然有些差别，但都具有线条图的共同特点。下面介绍钢笔徒手线条图的画法技巧和表现方法。

学画钢笔徒手线条图可从简单的直线练习开始。在练习中应注意运笔速度、方向和支撑点以及用笔力量。运笔速度应保持均匀，宜慢不宜快，停顿干脆；用笔力量应适中，保持平稳。基本运笔方向为从左至右、从上至下，且左上方的直线(倾角45°～225°)应尽量按圆心的方向运笔，相应的右下方的直线运笔方向正好与其相反。运笔中的支撑点有三种情况，一为以手掌一侧或小指关节与纸面接触的部分作为支撑点，适合于作较短的线条，若线条较长，需分段作，每段之间可断开，以免搭接处变粗。二为以肘关节作为支撑点，靠小臂和手腕运动，并辅以小指关节轻触纸面，可一次作出较长的线条。三为将整个手臂和肘关节腾空或辅以肘关节或小指关节轻触纸面作更长的线条，见图1.47(a)。

在画水平线和垂直线时，宜以纸边为基线，画线时视点距图面略放远些，以放宽视面，并随时以基线来校准。

若画等距平行线，应先目估点出每格的间距，见图1.47(b)。

凡对称图形都应先画对称轴线，如画左图山墙立面时，先画中轴线，再画山墙矩形，然后在中轴线上点出山墙尖高度，画出坡度线，最后加深各线，见图1.47(c)。

画圆可先用笔在纸上顺一定方向轻轻兜圆圈，然后按正确的圆加深。

画小圆时,先作十字线,定出半径位置,然后按四点画圆。

画大圆时除十字线外还要加45°线,定出半径位置,作短弧线,然后连各短弧线成圆,见图1.47(d)。

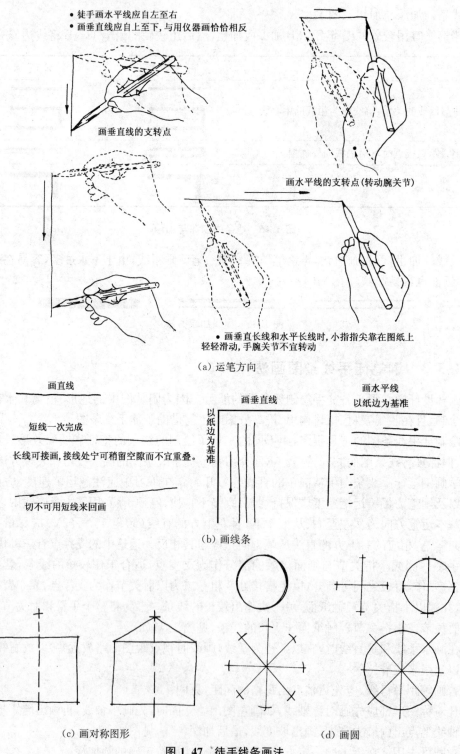

(a) 运笔方向

(b) 画线条

(c) 画对称图形　　　　　　　　　(d) 画圆

图1.47　徒手线条画法

思考与练习

1) 绘图板有几种规格？分别对应的图纸尺寸是多少？
2) 分析以下丁字尺使用方法是否正确？并说明理由。

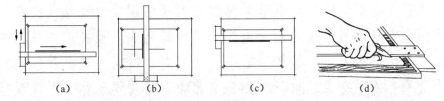

3) 分析以下丁字尺和三角板在用法上的错误。

4) 下图所示，使用圆规的方法是否正确？（　　）

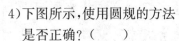

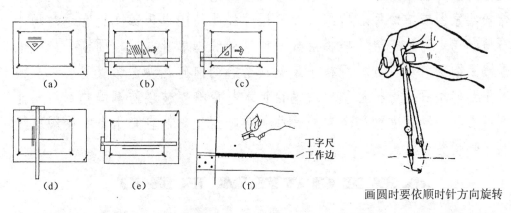

画圆时要依顺时针方向旋转

5) 以下两图所示，用分规在线段上量得所需线段的长度，哪个图是正确的，为什么？

6) 计算按以下比例尺，各种比例所代表的实际距离是多少？

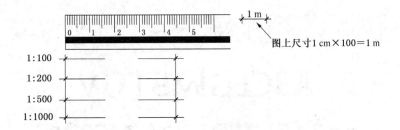

7) 请指出以下削铅笔的方法哪些是正确的，哪些是错误的？

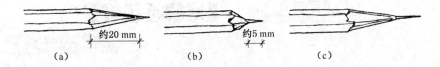

8) 临摹以下常用仿宋字、字母、数字等

建筑设计结构造施工设备水电暖风平立侧断剖切面总详标准草略图定稿透视鸟瞰画朝向东南西北左右前后正反迎背新旧大小上下内外纵横垂直完整比例年月日说明共编号一二三四五六七八九十百千万亿公尺米寸分吨斤厘毫甲乙丙丁戊己戌庚辛红橙黄绿青蓝紫黑白方圆粗细硬软松坚厚薄尖钝长宽高面体积空间城市县镇郊区域规划街道桥梁房屋绿化工农业民用居住公共厂址车间仓库机械制造动力冶金锻铸轻重纺织化肥有无线电人民公社农机粮畜舍晒谷场商业服务修理交通运输行政办公文化教育科技娱乐体育医疗展览纪念住宅宿舍公寓卧室厨房厕所贮藏浴室食堂饭厅冷饮餐馆百货店菜场邮局影剧院会礼堂观众舞台休息售票铁路旅客站航空海港口码头长途汽车行李候机船检票学校实室图书馆诊疗养所综合专科医疗托儿幼园俱乐部文化宫运动场体育比赛博物馆走廊过道盥洗楼梯层数壁橱基础底脚墙身柱梁板阁栅平吊顶地坪门窗隔断雨篷踏步斜坡栏杆扶手屋架顶桁条烟囱砖瓦沙泥浆煤屑矿渣灰钢筋混凝土乱碎块石沥青柏油毡角铁铜铅铝木杉松柳安玻璃防潮隔热音粉刷油漆斩假磨石子马赛克磁釉砌填勾缝管井阴明暗沟化粪池自来水龙头闸阀螺纹经家具床桌椅凳台灯激流。

ABEGJKM RSU
WXYZabefgjnrty

ABCDEMNOWXYZ

ABDEGJKMNQRSTUVWXYZ

ABCEGJMSTUV

123456789   1234567890

123456780   **1234567**

2 投形的基本知识

对工程图样的基本要求是能在一个平面上准确地表达物体的几何形状和大小。建筑工程中所使用的图样是根据投形的方法绘制的。

投形原理和投形方法是绘制投形图的基础,掌握了投形原理和投形方法,就容易学会制图和识读各种工程图样。本章主要介绍正投形法的基本原理和三面投形图的形成及其基本画法。

2.1 投形的概念

透过一透明平面看物体,将物体的形象在透明平面上描绘下来,这种方法称"投形"。

人眼 E 为视点,透明平面 P 为画面(或投形面),从 E 点透过透明平面连接物体上一点 A,EA 为视线(或投形线),EA 和 P 面的交点 A_P 为物体上 A 点在 P 面上的投形,用这种方法可将物体上许多点都投到投形面上,在投形面上绘出物体的形象(图2.1)。

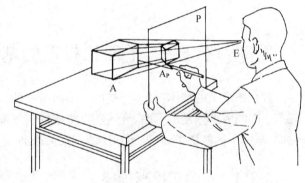

图 2.1 投形概念

2.1.1 中心投形——透视图

透过一透明平面看物体时,视线(投形线)都集中在人眼 E 点上,这是"中心投形"。它表现物体的直观形象,如同我们画实物写生或照相,用这种方法作出物体的透视图,在图上不能量出物体的实际尺寸(图 2.2)。

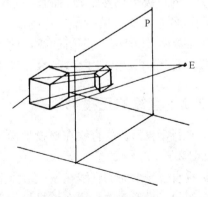

图 2.2 中心投形

2.1.2 斜平行投形——轴测图

假设:视点 E 距物体无穷远,则视线(投形线)为平行直线。

当投形线相对投形面为倾斜的平行线时,是斜平行投形,斜平行投形的图形是轴测图。它能表现物体的立体形象和尺寸(图2.3)。

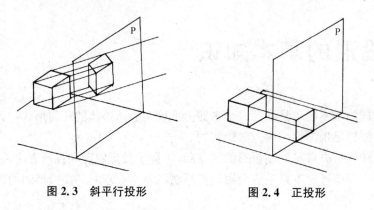

图 2.3　斜平行投形　　　　　图 2.4　正投形

2.1.3　正投形

当投形线垂直于投形面时,是正投形,用正投形画建筑的平面图、立面图、剖面图等。它能表现物体一部分的真实形状和尺寸(图2.4)。

2.2　点、直线、平面正投形的基本规律

画在图纸上的物体投形,都是由许多面组成的。面与面相交出现交线,线与线相交出现交点。图绝大部分是由平面、直线和点组成的。下面简单介绍点、直线、平面正投形的基本规律,掌握了这些规律,对识图和绘图有很大帮助。

2.2.1　点的正投形规律

(1) 点的正投形仍然是点,而且在过该点垂直于投形面的投射线的垂足处,如图2.5(a)所示。

(2) 如果两点位于某一投形面的同一条垂直线上,则此两点在该投形面上的投形必定重合,如图2.5(b)。

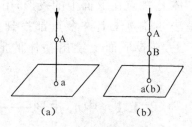

图 2.5　点的正投形

2.2.2　直线的正投形规律

(1) 平行于投形面的直线在该投形面上的投形仍是一条直线,且反映这条空间直线的实长,见图2.6(a)。

(2) 垂直于投形面的直线在该投形面上的投形积聚成一点,见图2.6(b)。

(3) 倾斜于投形面的直线在该投形面上的投形仍是一条直线,但长度较空间直线的实长为短,见图2.6(c)。

(4) 直线上任意一点的投形必在该直线的投形上,见图2.6。

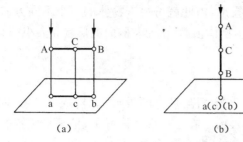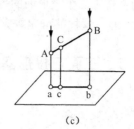

图 2.6 直线的正投形

2.2.3 平面的正投形规律

(1) 平行于投形面的平面在该投形面上的投形,反映该平面的实形,即形状和大小不变,见图 2.7(a);

(2) 垂直于投形面的平面在该投形面上的投形积聚成一条直线,且该平面(包括延展面)上所有的线和点的投形都积聚在该直线上,见图 2.7(b);

(3) 倾斜于投形面的平面在该投形面上的投形仍为平面,但不反映原平面的实形,见图 2.7(c)。

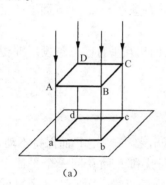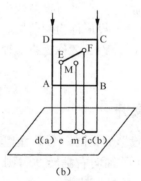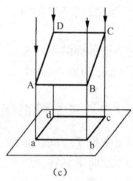

图 2.7 平面的正投形

2.3 正投形图

图样是施工操作的依据,应尽可能地反映物体各部分的形状和大小。如果一个物体只向一个投形面投形,就只能反映它一个面的形状和大小,不能完整地表示出它的整体形状和大小。图 2.8 中的空间里有三个不同形状的物体,它们同向一个投形面投形,其投形图都是相同的,所以该投形是不能反映三个不同物体的形状和大小的。

如将物体放在三个相互垂直的投形面之间,用

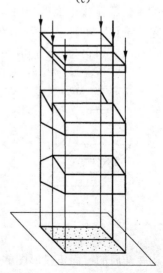

图 2.8 物体的一个投影不能确定其形状

29

三组分别垂直于三个投形面的平行投射线投形,由此就可得到物体的三个不同方向的正投形图(图2.9)。这样就可比较完整地反映出物体顶面、正面及侧面的形状和大小。

2.3.1 三面正投形图的形成

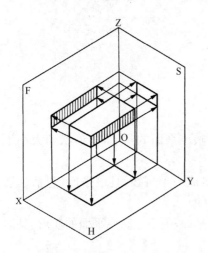

图2.9 砖的三个不同方向的正投形面

三个相互垂直的投形面,构成了三投形面体系(图2.9)。在三投形面体系中,呈水平位置的投形面称为水平投形面(简称水平面),用字母 H 表示,水平面也可称为 H 面;与水平投形面垂直相交呈正立位置的投形面称为正立投形面(简称正面),用字母 F 表示,正面也可称为 F 面;与水平投形面及正立投形面同时垂直相交的投形面称为侧立投形面(简称侧面),用字母 S 表示,侧面也可称为 S 面。

平行投射线由上向下垂直 H 面,在 H 面上产生的投形称为水平投形图。

平行投射线由前向后垂直 F 面,在 F 面上产生的投形称为正面投形图。

平行投射线由左向右垂直 S 面,在 S 面上产生的投形称为侧面投形图。

三个投形面的两两相交线 OX、OY、OZ 称为投形轴,它们相互垂直。三条投形轴相交于一点 O,称为原点(图2.9)。

2.3.2 三个投形面的展开

为了把处于空间位置的三个投形面在同一个平面上表示出来,按规定 F 面保持不动,H 面绕 OX 轴向下翻转 90°,S 面绕 OZ 轴向右翻转 90°,则它们就和 F 面在同一个平面上了(图2.10)。三个投形面展开后,三条投形轴成为两条垂直相交的直线。原 OX、OZ 轴的位置不变。原 OY 轴则分为两条,在 H 面上的用 OY_H 表示,它与 OZ 轴成一直线;在 S 面上的用 OY_W 表示,它与 OX 轴成一直线。

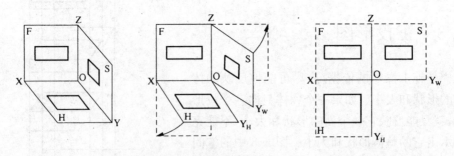

图2.10 三个投形面的展开

从展开后的三面正投形图的位置来看:水平投形图在正面投形图的正下方;侧面投形图在正面投形图的正右方。按照这种位置画投形图时,在图纸上可以不标注投形面、投形轴和投形图的名称(图 2.11)。

由于投形面是我们设想的,并无固定的大小边界范围,而投形图与投形面的大小无关,所以作图时也可以不画出投形面的边界,在工程图样中投形轴一般也不画出来(图 2.12)。但在初学投形作图时,最好还需将投形轴保留,并将投形轴用细实线画出。

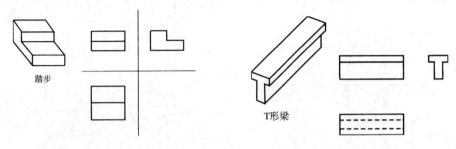

图 2.11 踏步三面正投形图　　　　图 2.12 T 形梁三面正投形图

2.3.3 三面正投形图的分析

一个物体可用三面正投形图来表达它的整体情况。对图 2.13 中的图形,如果我们将三个投形图综合起来分析,并根据标注尺寸的符号及一定的说明,就可以准确地了解物体的真实形状和大小。

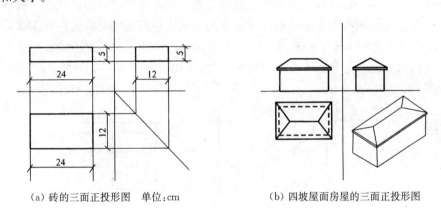

(a) 砖的三面正投形图　单位:cm　　　(b) 四坡屋面房屋的三面正投形图

图 2.13 三面正投形图举例

物体的三个投形图之间既有区别又互相联系。

(1) 同一个物体的三个投形图之间具有"三等"关系:正面投形图与侧面投形图等高,即"正侧高平齐";正面投形图与水平投形图等长,即"正平长对正";水平投形图与侧面投形图等宽,即"平侧宽相等"。

"高平齐、长对正、宽相等"这"三等"关系是绘制和识读正投形图必须遵循的投形规律。

(2) 任何一个物体都有上、下、左、右、前、后六个方向的形状和大小。在三个投形图中,每个投形图各反映其中四个方向的情况,即:正面投形图反映物体的上、下和左、右的情况,不反映前、后情况;水平投形图反映物体的左、右和前、后的情况,不反映上、下情况;侧面投形图反映物体的上、下和前、后情况,不反映左、右情况(如图 2.14)。

(3) 用投形图表示一个物体,是各种工程图常采用的表现方法。但是物体的形状是多种多样的,有繁有简,有些形体简单的物体只需用两个甚至一个投形图就能表达清楚。如图2.15 中的圆管可用两个正投形图表达;圆柱只需用一个正投形图标明直径符号和尺寸就能表达清楚。

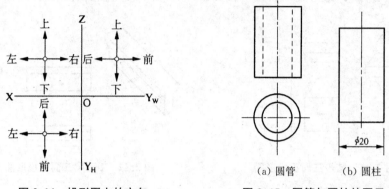

图 2.14 投形图上的方向　　　　图 2.15 圆管与圆柱的图示

2.3.4 三面正投形图的作图方法

绘制三面正投形图时,一般先绘制正面投形图或水平投形图(因为这两个等长,且一般反映了物体形状的主要特征),然后再绘侧面投形图。熟练地掌握物体的三面正投形图的画法是绘制和识读工程图样的重要基础。下面是画三面正投形图的具体方法和步骤:

(1) 在图纸上先画出水平和垂直十字相交线,作为正投形图中的投形轴,见图 2.16(a)。

(2) 根据物体在三投形面体系中的放置位置,先画出能够反映物体特征的正面投形图或水平投形图,见图 2.16(b)。

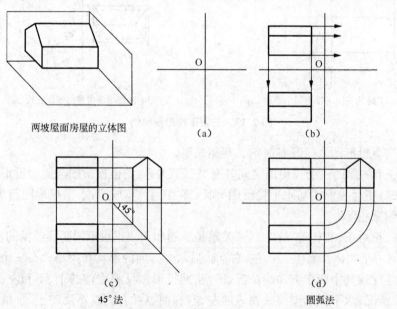

图 2.16 三面正投形作图

(3) 根据"三等"关系，由"长对正"的投形规律，画出水平投形图或正面投形图；由"高平齐"的投形规律，把正面投形图中涉及到高度的各相应部分用水平线拉向侧立投形面；由"宽相等"的投形规律，用过原点 O 作 45°斜线或以原点 O 为圆心作圆弧的方法，得到引线在侧立投形面上且与"等高"水平线的相交点，连结交联点而得到侧面投形图，见图 2.16(c)，或图 2.16(d)。

由于在制图时只要求各投形图之间的"长、宽、高"关系正确，因此图形与轴线之间的距离可以灵活安排。在实际工程图中，一般不画出投形轴，各投形图的位置也可以灵活安排，有时各投形图还可以不画在同一张图纸上。

2.4 平面概念

按照平行于投形面的直线、平面的正投形和原直线、平面全同的原理来选择投形面，以达到用正投形图表现建筑物的真实形状和尺寸的目的。现采用最简单的立方体为例，设立方体放在水平面（地面）G 上。选择一个水平面的投形面 H，和 G 面、立方体的顶面平行，立方体顶面的 H 投形与原顶面全同。立方体的两个相互垂直的垂直面的 H 投形为两互相垂直的直线。它表现立方体的长和宽（即 x 和 y）（图 2.17）。

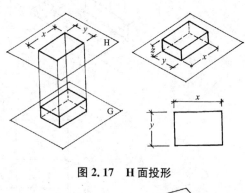

图 2.17　H 面投形

以此类推，园林素材中建筑的平面表示方法为：

看到屋面、正脊、斜脊和屋檐，正脊和屋檐都平行于 H，它们的 H 面投形表示实长，四个墙面的投形和屋檐的投形相重合，表示各墙面的长度（图 2.18）。

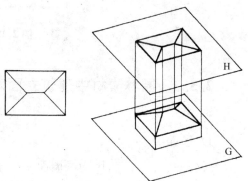

图 2.18　建筑平面举例

2.5 立面概念

立面，指建筑物各方向的设计要素、组成、协调。好的立面会使建筑物更协调。

2.5.1 选择一个垂直的投形面 F

F 面垂直于 G 面，与立方体 X 方向的垂直面平行，立方体的 F 投形与 X 方向的垂直面全同。Y 方向垂直面的 F 投形为一垂线，等于立方体的高。立方体顶面的 F 投形为一水平线，等于立方体的长。它表示立方体的长和高（即 x 和 z），见图 2.19(a)。

2.5.2 选择一个垂直于F的垂直投形面S

S面垂直于G面，与立方体Y方向的垂直面平行，立方体的S投形与Y方向的垂直面全同。X方向垂直面的S投形为一垂线，等于立方体的高，立方体顶面的S投形为一水平线，等于立方体的宽。它表示立方体的宽和高（即y和z），见图2.19(b)。

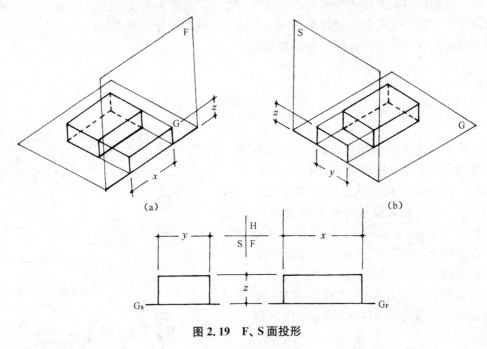

图2.19 F、S面投形

2.5.3 园林素材中建筑立面表示方法（图2.20）：

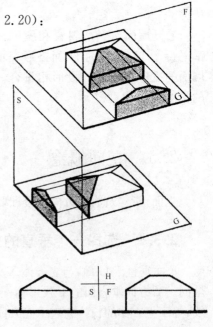

1. F面投形

看到檐墙面、屋面，因为檐墙面平行于F面，它的F投形和原墙面相同。正脊与屋檐平行于F、H，它们的投形为水平线，长度等于实长。

侧墙面的投形是垂直线，和檐墙两垂边的投形相重合，两侧屋面的投形是斜线，和斜脊的投形相重叠，表示侧屋面的坡度。

2. S面投形

看到侧墙面、屋面，因为侧墙面平行于S面，它的S投形和原侧墙面相同，侧屋檐平行于S、H，它的投形为一水平线，长度等于实长。

两檐墙面的投形是垂直线，和侧墙两垂边的投形

图2.20 建筑立面表示方法

相重合,前后两屋面的投形是斜线,与斜脊的投形相重叠,表示该两屋面的坡度。

2.6 剖面概念

2.6.1 园林素材中建筑的剖面表示方法(图 2.21)

若用一个垂直的平面将建筑物切开(该切面应和切到的墙面垂直),切开后在和切面相平行的垂直投形面 F 上的投形是建筑物的剖面图。它表示建筑室内空间的高度、空间分隔、墙厚、门窗高度和窗台、地坪高度等。

简单的建筑物只要用一个剖面图即能表示清楚。而较复杂的建筑,则需要在几处按不同方向将建筑物切开,绘出几个剖面才能表示所设计建筑物的情况。

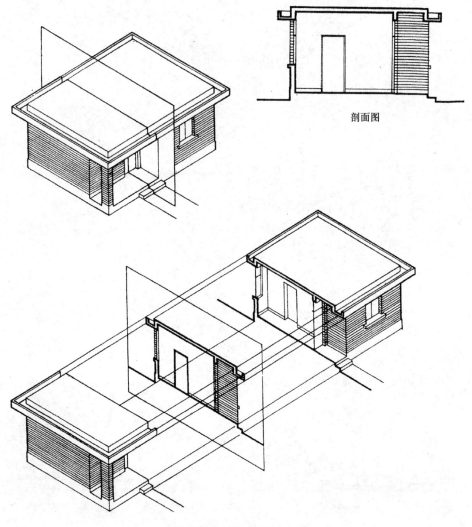

图 2.21 建筑剖面表示方法

2.6.2 园林素材中地形和环境的剖面表示方法（图2.22）

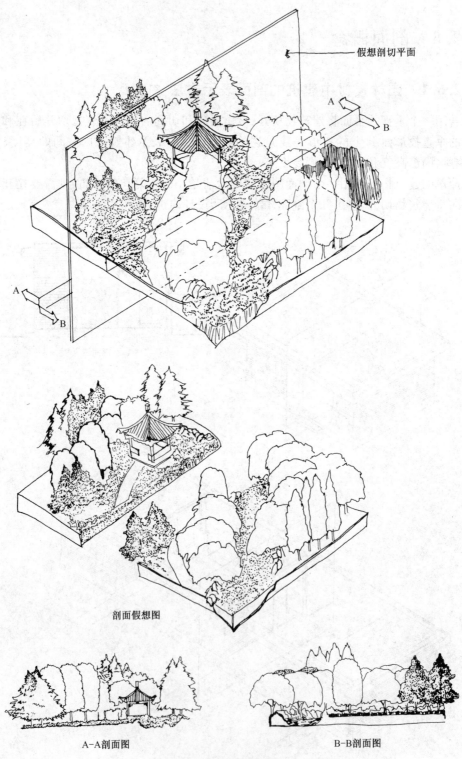

图 2.22 园林剖面举例

思考与练习

1) 投形法有哪几种类型,正投形图有什么特点?
2) 试述三面正投形图的投影规律。
3) 分析确定以下几种投形的类型。

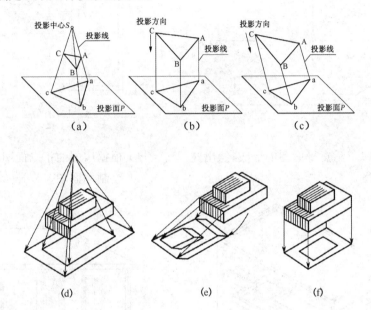

4) 求作下图的正投形图

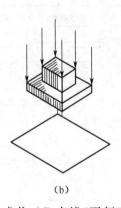

(b)

6) 求作 AB 直线(平行于纸面)的正投形图。

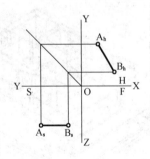

5) 求作 A、B 两点(两点的连线平行于纸面)的正投形图。

7) 求作以下平面的正投形图。

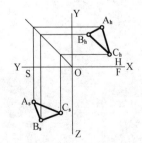

8) 已知平面图形的两个投形,求作平面图形的另一投形,并用纸片剪出或画出实形。

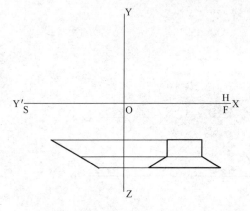

9) 已知建筑形体的两个投形图,求作建筑形体的另一个投形图。

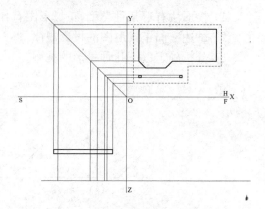

10) 按照以下示意平面图的形成,绘出此平面图。

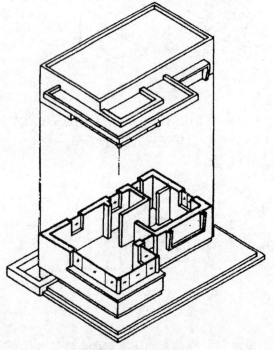

房屋平面图的形成示意图

11) 根据房屋的正立面图和平面图绘制剖面图。

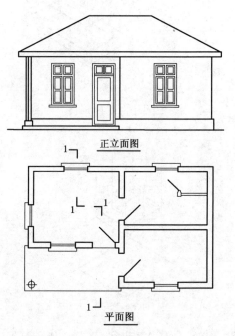

正立面图

平面图

3 植物的表现方法

园林植物是园林设计中应用最多,也是最重要的造园要素。现以乔木为例,用三面正投形图来表达植物的整体情况(图3.1)。

其中,H面表示植物的树冠顶视平面,F、S面分别表示植物不同方向的两个立面。

3.1 植物的平面画法

园林植物的分类方法较多,这里根据各自特征,将其分为乔木、灌木、攀援植物、竹类、花卉、绿篱和草地七大类。这些园林植物形态各异,画法也不同,一般根据不同植物特征,抽象其本质,形成"约定俗成"的图例来表现。

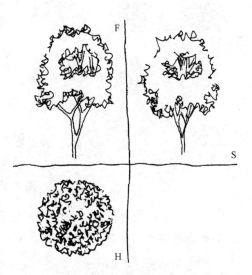

图3.1 植物的三面正投形图

园林植物的平面图是指园林植物的水平投形图(图3.2)。一般采用图例概括地表示,其方法为:用圆圈表示树冠的形状和大小,用黑点表示树干的位置及粗细,如图3.3所示。树冠的大小应根据树龄按比例画出,成龄的树冠大小如表3.1所示。

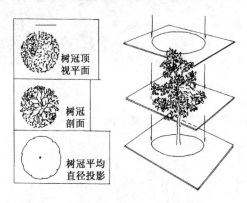

图3.2 树木平面表示类型的说明

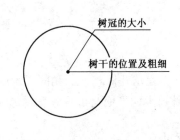

图3.3 植物平面图图例的表示方法

表3.1 成龄树的树冠冠径　　　　　单位:m

树种	孤植树	高大乔木	中小乔木	常绿乔木	花灌丛	绿篱
冠径	10~15	5~10	3~7	4~8	1~3	单行宽度:0.5~1.0 双行宽度:1.0~1.5

3.1.1 乔木的平面表示方法

为了能够形象地区分不同的植物种类,常以不同的树冠线型来表示。

(1) 针叶树常以带有针刺状的树冠来表示,若为常绿的针叶树,则在树冠线内加划平行斜线(图3.4)。

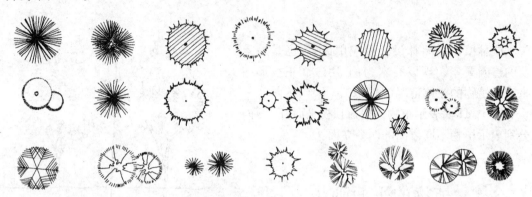

图3.4 针叶树平面画法

(2) 阔叶树的树冠线一般为圆弧线或波浪线,且常绿的阔叶树多表现为浓密的叶子,或在树冠内加画平行斜线,落叶的阔叶树多用枯枝表现(图3.5)。

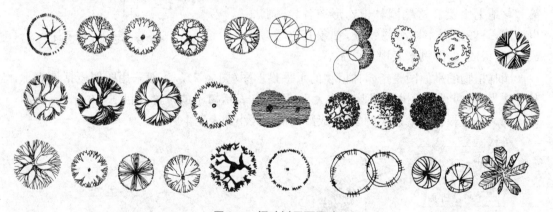

图3.5 阔叶树平面画法

(3) 当表示几株相连的相同树木的平面时,应互相避让,使图面形成整体(图3.6)。当表示成林树木的平面时可只勾勒林缘线(图3.7)。

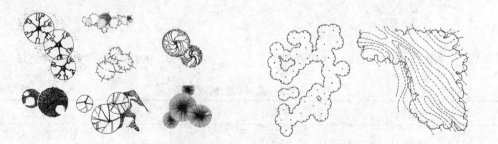

图3.6 相同相连树木的平面画法　　　　图3.7 大片树木的平面表示法

3.1.2 灌木和地被物的表示方法

灌木没有明显主干,平面形状有曲有直,修剪整形的灌木可用轮廓、分枝或枝叶型表示,不规则形状的灌木宜用轮廓型或质感型表示,表现时以栽植范围为准(图3.8)。

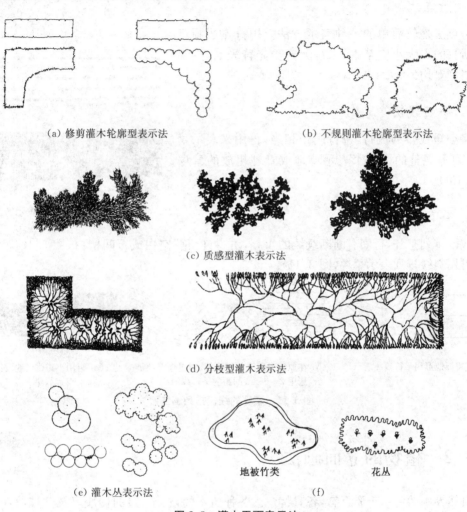

(a) 修剪灌木轮廓型表示法　　　　(b) 不规则灌木轮廓型表示法

(c) 质感型灌木表示法

(d) 分枝型灌木表示法

(e) 灌木丛表示法　　　　　　　　(f)　地被竹类　　花丛

图 3.8 灌木平面表示法

地被植物宜采用轮廓勾勒和质感表现的形式,以地被栽植的范围线为依据,用不规则的细线勾勒出地被的范围轮廓(图3.9)。

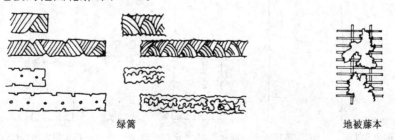

绿篱　　　　　　　　地被藤本

图 3.9 地被植物表示法

3.1.3 草坪和草地的表示方法

草坪和草地的表示方法很多,下面介绍一些主要的表示方法(图3.10)。

1. 打点法

打点法是较简单的一种表示方法。用打点法画草坪时所打的点大小应基本一致,无论受光背光面,点都要打得相对均匀(图3.10(a))。

2. 小短线法

将小短线排列成行,每行间距相当,可用来表示草坪,排列不规整的可用来表示草地或管理粗放的草坪(图3.10(b))。

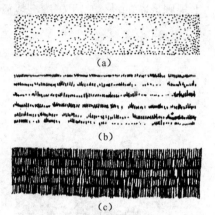

图3.10 草坪的三种表示方法

3. 线段排列法

线段排列整齐,行间有断断续续的重叠,可少许留些空白或行间留白(图3.10(c)),另外也可用斜线排列表示草坪(图3.11)。

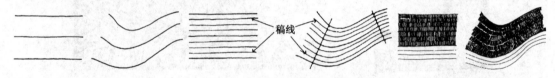

(a) 将原地形用平行稿线表示　　(b) 在原地形图上先作稿线,再根据草坪范围选用2～6 mm间距的平行线组　　(c) 再用小短线或线段排列来表示草坪

图3.11 草坪的线段排列画法

3.2 植物的立面画法

自然界中的树木千姿百态,各具特色。各种树木的枝、干、冠的构成以及分枝习性决定了各自的形态和特征。初学者学画树可从临摹各种形态的树木图例开始,之后再写生。临摹或写生树木的一般步骤为(图3.12):

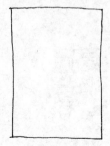 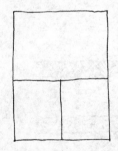 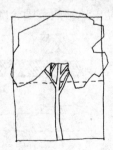

(a) 画出四边形外框　　(b) 确定树木的高宽比,若外出写生则可伸直手臂,用笔目测出大致的高宽比　　(c) 确定树木的分枝点与干冠比

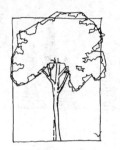
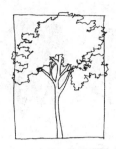

(d) 略去所有细节,抓住主要轮廓,明确树木的枝干结构

(e) 抓住主要特征修改轮廓,分析树木的受光情况

(f) 选用合适的线条去体现树冠的质感和体积感,主干的质感和明暗

图 3.12　树木临摹和写生的一般步骤

　　树木的表现有写实、图案式和抽象变形的三种形式。写实的表现形式较重视树木的自然形态和枝干结构,冠叶的质感刻画得也很细致,显得较逼真(图 3.13)。图案式的表现形式较重视树木的某些特征,如树形、分枝等,并加以概括以突出图案的效果(图 3.14)。抽象变形的表现形式虽然也较程式化,但加进了大量抽象、扭曲和变形的手法,使画面别具一格(图 3.15)。

图 3.13　树木的写实画法

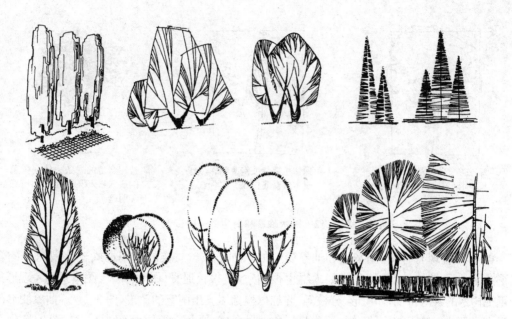

图 3.14 树木的图案式画法

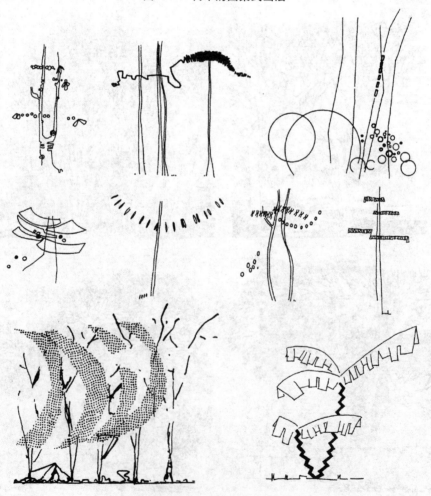

图 3.15 树木的抽象变形画法

画树应先画枝干,枝干是构成整株树木的框架。画枝干以冬季落叶乔木为佳,画枝干应注重枝和干的分枝习性(图3.16)。

(1) 细枝的画法应讲究疏密有致以及整体的均衡,见图3.16(a)。

(2) 主干应讲究主次干和粗枝的布局安排,力求重心稳定、开合曲直得当,见图3.16(b)。添加小枝后可使树木的形态栩栩如生,见图3.16(c)。

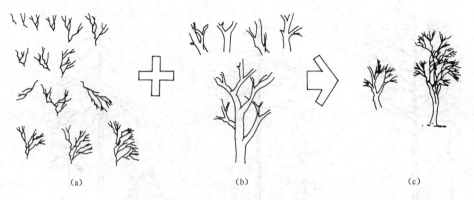

图 3.16　树木枝干的画法步骤

树木的分枝和叶的多少决定了树冠的形状和质感。当小枝稀疏、叶较小时,树冠整体感差;当小枝密集、叶繁茂时,树冠的团块体积感强,小枝通常不易见到。树冠的质感可用短线排列、叶形组合或乱线组合法表现。其中,短线法常用于表现像松柏类的针叶树,也可表现近景树木中叶形相对规整的树木;叶形和乱线组合法常用于表现阔叶树,其适用范围较广,且近景中叶形不规则的树木多用乱线组合法表现。因此应根据树木的种类、远近、叶的特征等选择树木的表现方法。

自然界的树木千姿百态,由于树种的不同,其树形、树干纹理、枝叶形状等表现出不同特征,现分述如下(图3.17～图3.22)。

树形可以叶丛的外形和枝干的结构形式为其特征,后者也常见于画面。尤其在建筑物前,为了减少对建筑物的遮挡,常以枝干的表现为主。也可以叶丛的外形为主表现树形(图3.17)。

图 3.17　各种形态的树木

树的生长是由主干向外伸展。它的外轮廓的基本形体按其最概括的形式来分有:球或多球体的组合、圆锥、圆柱、卵圆体等。除非经过人工的修整,在自然界中很少呈完整的几何形,都是比较多姿和灵活的。如果按完整的几何形体来画,往往不免流于呆板粗陋。但是,在带有装饰性的画面中,也可允许树木呈简单的几何形。这时必须注意与整体在格调上协调一致,并在细部上(枝叶的疏密分布及纹理组织)求其有变化(图 3.18)。

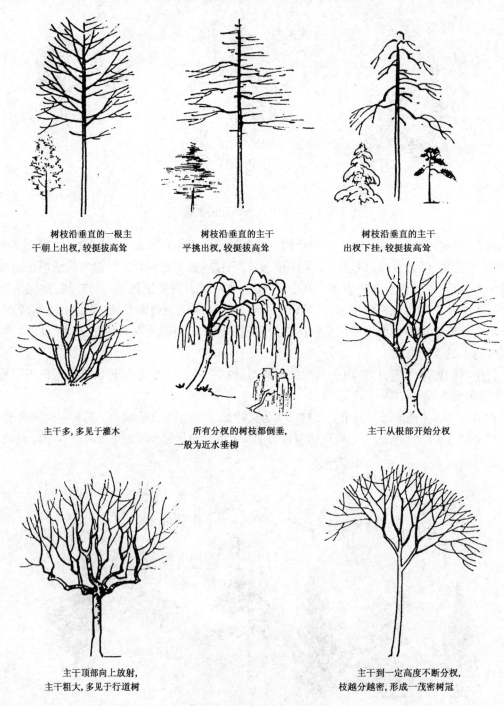

图 3.18 树干的结构形态

在画面中,树木对建筑物的主要部分不应有遮挡。作为中景的树木,可在建筑的两侧或前面。当其在建筑物的前面时,应布置在既不挡住重点部分又不影响建筑完整性的部位。远景的树木往往在建筑物的后面,起烘托建筑物和增加画面空间感的作用,色调和明暗与建筑要有对比,形体和明暗变化应尽量简化。近树为了不挡住建筑物,同时也由于透视的关系,一般只画树干和少量的枝叶,使其起"框"的作用,不宜画全貌。

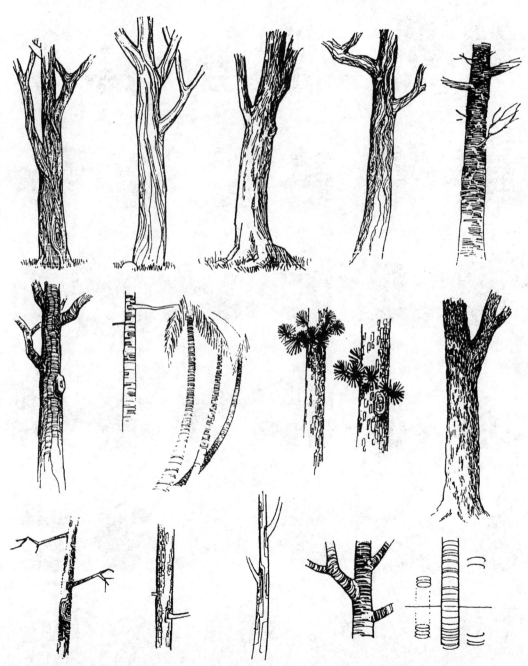

水平型纹理要注意透视效果,主干的纹理在视平线上下的弯曲方向是相反的。另外,枝干前伸与后伸的纹理弯曲方向也是有显著差别的

图 3.19　树干纹理的表现

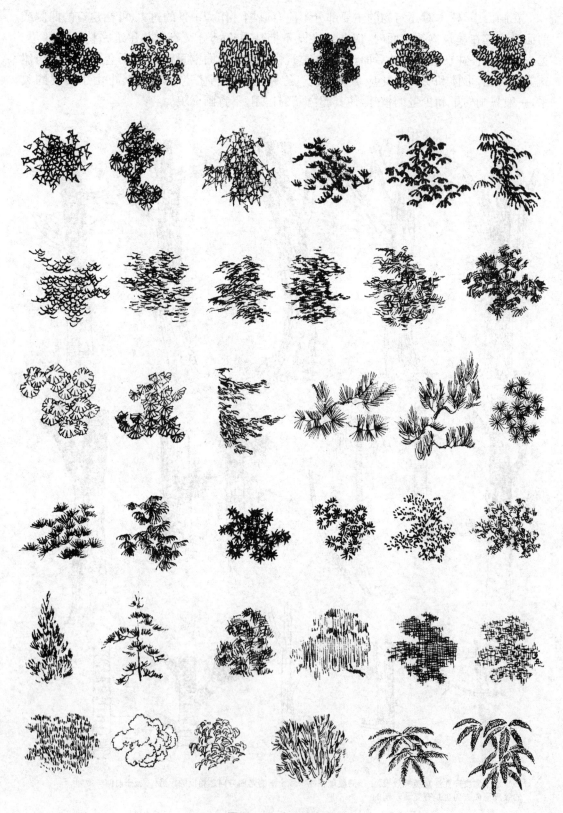

图 3.20 叶丛的表现

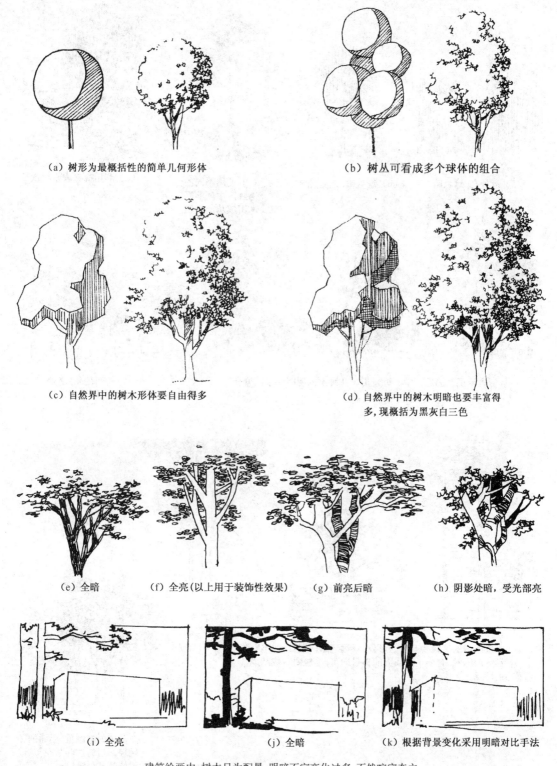

图 3.21 树木及其作为配景的明暗表现

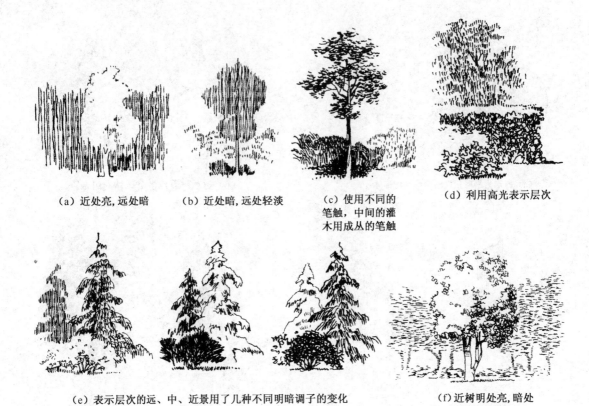

(a) 近处亮,远处暗　　(b) 近处暗,远处轻淡　　(c) 使用不同的笔触,中间的灌木用成丛的笔触　　(d) 利用高光表示层次

(e) 表示层次的远、中、近景用了几种不同明暗调子的变化　　(f) 近树明处亮,暗处深,远树灰而平淡

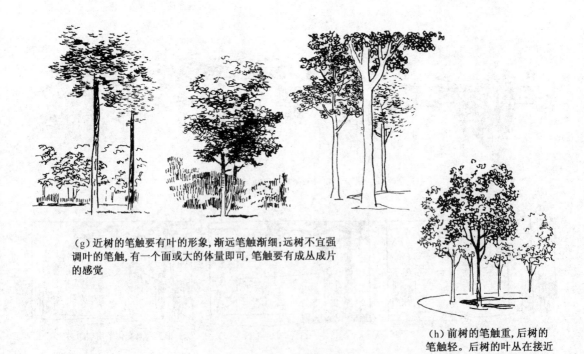

(g) 近树的笔触要有叶的形象,渐远笔触渐细;远树不宜强调叶的笔触,有一个面或大的体量即可,笔触要有成丛成片的感觉

(h) 前树的笔触重,后树的笔触轻。后树的叶丛在接近前树的叶丛处笔触渐"虚"

图 3.22　树木的层次

树形可以叶丛的外形和枝干的结构形式为其特征,后者也常见于画面。尤其在建筑物前,为了减少对建筑的遮挡,常以枝干的表现为主。也可以叶丛的外形为主表现树形。

树木在平面、立(剖)面图中的表示方法应相同,表现手法和风格应一致,并保证树木的平面冠径与立面冠幅相等,平面与立面对应、树干的位置处于树冠圆的圆心,这样作出的平面、立(剖)面图才统一(图3.23,3.24)。树木之间距离的尺寸标注法见图3.25。

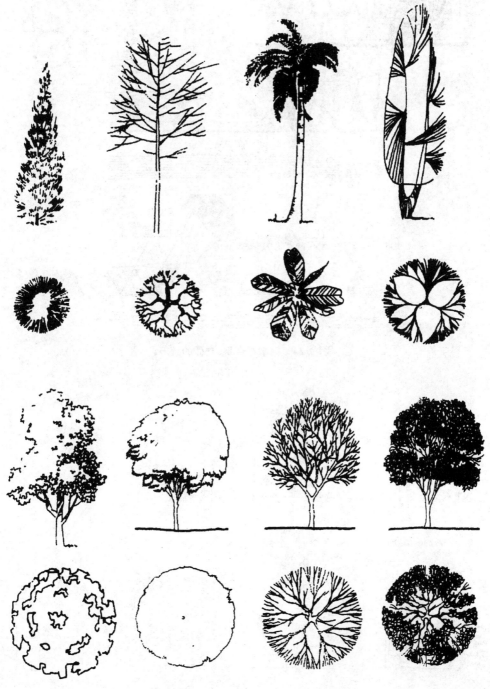

图3.23　树木平、立面的统一

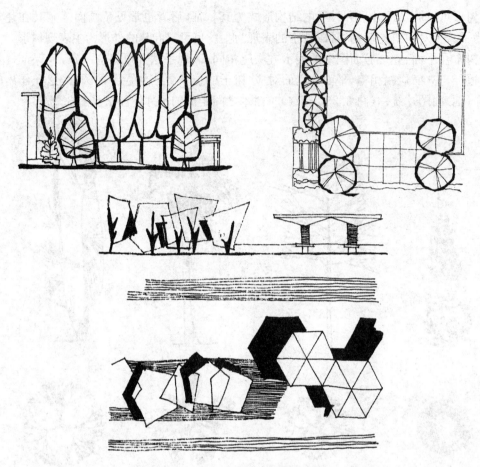

图 3.24 树木组合平、立面的统一

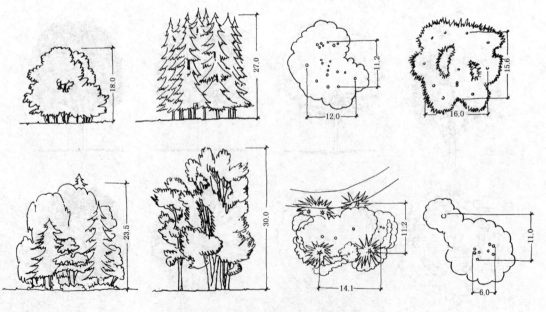

图 3.25 树木之间距离尺寸标注法

3.3 中华人民共和国《风景园林图例图示标准》中的植物部分

3.3.1 植物图示

园林植物种类繁多、形态千变万化,其表达方法也是五花八门。本章图例仅取以最常用、最基本统一的部分,内容上分为乔木、灌木、绿篱、竹类、花卉、草皮及特种植物。凡未列入内容可按各地区的实际需要加以补充。

表 3.2 植物

序号	名称	图例	说明
1	落叶阔叶乔木		1~14 为乔木、灌木图例,其中又分为单株、疏林、树林、落叶与常绿、阔叶与针叶图中左图为简化型图例,右图为变化型图例 落叶乔、灌木均不填斜线; 常绿乔、灌木加画 45°细斜线; 阔叶树的外围线用弧裂形或圆形线; 针叶树的外围线用锯齿形或斜刺形线; 乔木外形成圆形; 灌木外形成不规则形,乔木图例中粗线小圆表示现有乔木,细线小十字表示设计乔木; 灌木图例中黑点表示种植位置; 凡大片树林可省略图例中的小圆、小十字及黑点
2	常绿阔叶乔木		
3	落叶针叶乔木	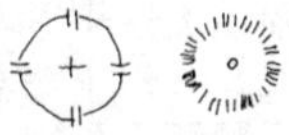	
4	常绿针叶乔木	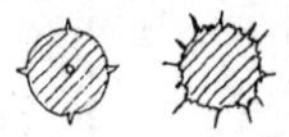	
5	落叶灌木	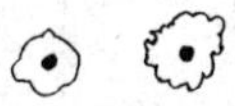	
6	常绿灌木		
7	阔叶乔木疏林		7~10 为阔叶及针叶乔木的疏林及密林的图例,其区别是疏林图例中留有一定的空隙,而密林图例中不留空隙 常绿林或落叶林根据图面表现的需要加或不加 45°细斜线
8	针叶乔木疏林		
9	阔叶乔木密林		
10	针叶乔木密林	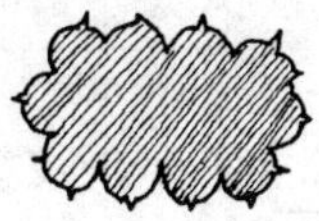	

续表 3.2

序 号	名 称	图 例	说 明
11	落叶灌木疏林		11～14 为落叶及常绿灌木的疏林及密林的图例,其区别同上。如要表明观花灌木,可插入小圆符号
12	落叶花灌木疏林		
13	常绿灌木密林		
14	常绿花灌木密林		
15	自然形绿篱		15～16 为自然形绿篱与整形绿篱的图例,其区别是整形绿篱符号中加席纹线
16	整形绿篱		
17	镶边植物		17 泛指装饰路边或花坛边缘的带状花卉
18	一二年生草本花卉		18～19 为草本花卉的图例,为区分一、二年生草本花卉及多年生、宿根草本花卉,前者均布小圆符号,后者均布三叶形符号
19	多年生及宿根草本花卉		
20	一般草皮		20～21 为草皮图例。缀花草皮图例为草皮图例中插入花形符号
21	缀花草皮		
22	整形树木		22 整形树木为规则的圆形符号
23	竹丛		23 竹丛为"个"字形组合或外廓线形态
24	棕榈植物		24 棕榈植物为阔叶形符号
25	仙人掌植物		25 仙人掌植物为曲线带刺形符号
26	藤本植物		26 藤本植物为卷曲线符号。本图例等同采用 ISO11091
27	水生植物		27 水生植物为漂浮形符号 22～27 为常见的特种植物的图例,其图例主要表示特种植物的形态特征

3.3.2 树木形态图示

树木形态可谓千姿百态,种类不同,形态有别,即使同一种类的树木,其不同的生长阶段,形态也有很大差异。本章图示仅列举最为常见的形态。

1. 枝干形态

枝干形态指由树干及树枝构成的树木形态特征,可分为常见的6个类型,即1~6的有主轴干侧分枝形(多数为针叶树),主轴干无分枝形(棕榈类植物),无主轴干多枝形(多数阔叶树),无主轴干垂枝形(垂柳、龙爪槐等),无主轴干丛生形(多数灌木),无主轴干匍匐形(地柏、火棘、迎春等)。

表 3.3 枝干形态图示

序号	名称	图例	序号	名称	图例
1	主轴干侧分枝形		4	无主轴干垂枝形	
2	主轴干无分枝形		5	无主轴干丛生形	
3	无主轴干多枝形		6	无主轴干匍匐形	

2. 树冠形态

树冠形态指由枝叶与干的一部分所构成的树木外形特征。可分为常见的6种基本形态,即1~6的圆锥形、椭圆形、圆形、垂枝形、伞形、匍匐形。树冠轮廓线凡针叶树用锯齿形,凡阔叶树用弧裂形表示。

表 3.4 树冠形态

序 号	名 称	图 例	序 号	名 称	图 例
1	圆锥形		4	垂枝形	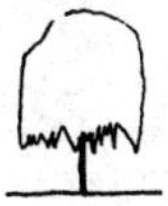
2	椭圆形	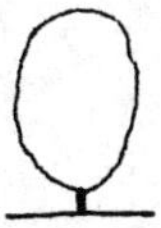	5	伞形	
3	圆球形		6	匍匐形	

思考与练习

1) 画出某修剪灌木的水平投形图,以示意此灌木的顶视平面与剖面。

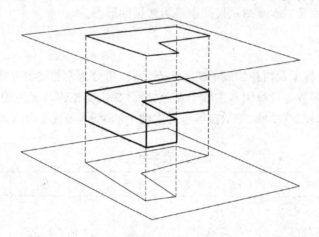

2) 用球体为基本几何体说明灌木的受光及阴影,再画出四种表示灌木的表现形式。

树干的明暗表现:

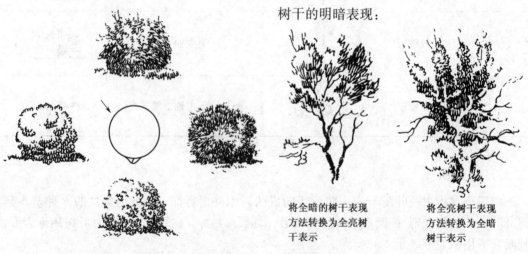

将全暗的树干表现方法转换为全亮树干表示

将全亮树干表现方法转换为全暗树干表示

3) 以书上树木明暗表示法四步骤表现以下球形的树木。

(1) 概括性的简单几何形体用球体来表示;
(2) 球体的明暗分析;
(3) 选择一种叶子的表达形式来表现叶丛;
(4) 完整表达树木全貌。

4）以书上列举的树木明暗表示法四步骤表现以下树木。

(1) 树丛可以看成多个球体组合； (2) 球体的明暗分析； (3) 选择一种表现叶丛的形式表现形体自由的树丛； (4) 最终表现树木的明暗。

5）以书上示意的树木枝干画法步骤（见 P45 图 3.16）：(1)小枝及组合；(2)分枝的组织；(3)组合成树。分析以下两种树木枝干的画法。

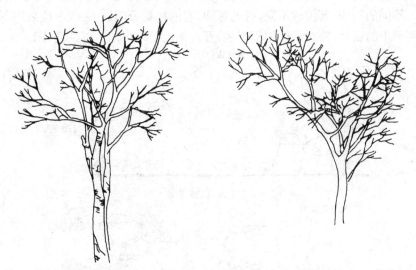

6）已知几种树木与灌木的平面图和主要树干之间的平面距离尺寸。求其对应立面图。

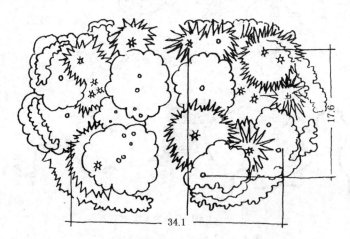

57

4 山石和水体的表示方法

园林山石是指人工堆叠在园林绿地中的观赏性的山石。

4.1 山石的表现方法

平、立面图中的石块通常只用线条勾勒轮廓,很少采用光线、质感的表现方法,以免零乱。用线条勾勒时,轮廓线要粗些,石块面、纹理可用较细较浅的线条稍加勾绘,以体现石块的体积感。不同的石块,其纹理不同,有的浑圆,有的棱角分明,在表现时应采用不同的笔触和线条。剖面上的石块,轮廓线应用剖断线,石块剖面上还可加上斜纹线(图 4.1)。

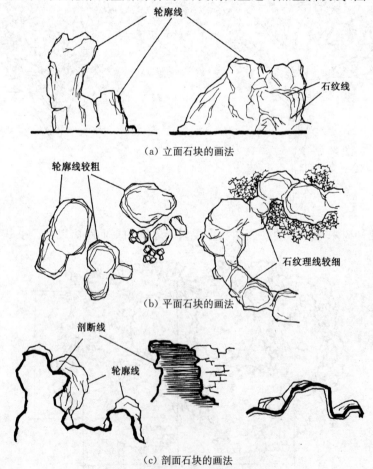

(a) 立面石块的画法

(b) 平面石块的画法

(c) 剖面石块的画法

图 4.1 石块的立、平、剖面表示法

假山和置石中常用的石材有湖石、黄石、青石、石笋、卵石等。由于山石材料的质地、纹理等不同,其表现方法也不同。

湖石即太湖石,为石灰岩风化溶蚀而成,太湖石面上多有沟、缝、洞、穴等,因而形态玲珑剔透。画湖石时多用曲线表现其外形的自然曲折,并刻画其内部纹理的起伏变化及洞穴。

黄石为细砂岩受气候风化逐渐分裂而成,故其体形敦厚、棱角分明、纹理平直,因此画时多用直线和折线表现其外轮廓,内部纹理应以平直为主。

青石是青灰色片状的细砂岩,其纹理多为相互交叉的斜纹。画时多用直线和折线表现。

石笋为外形修长如竹笋的一类山石。画时应以表现其垂直纹理为主,可用直线,也可用曲线。

卵石体态圆润,表面光滑。画时多以曲线表现其外轮廓,再在其内部用少量曲线稍加修饰即可。

叠石常常是大石和小石穿插,以大石间小石或以小石间大石以表现层次,线条的转折要流畅有力见图4.3。

图4.2为山石的平面图画法,图4.3为山石的立面图画法。

图4.2　山石平面图画法

图 4.3 山石立面图画法

4.2 中华人民共和国《风景园林图例图示标准》中的山石部分

山石指人工堆叠在园林绿地中的观赏性的假山。其图示标准见表4.1。

表4.1 山石

序号	名称	图例	说明
1	自然山石假山		由黄石、湖石等天然石依据一定的艺术、技术规律堆叠成的假山
2	人工塑石假山		由砖、混凝土、彩色水泥砂浆等建筑材料经艺术塑造成的假山
3	土石假山		由土及天然块石混合堆叠的假山，包括"土包石"、"石包土"及土假山
4	独立景石		由形态奇特色彩美观的天然块石，如湖石、黄蜡石独置而成的石景

4.3 水体的表示方法

理水，指的是园林中各种水体的处理。在我国传统园林中，水和山同样重要，园景因为水的存在而充满灵性。将水体塑造成不同的形态，配合山石、花木和园林建筑来组景，是一种典型的造园手法。

4.3.1 水面的表示法

在平面上，水面常采用线条法、等深线法、平涂法和添景物法等来表示。

1. 线条法

用工具或徒手排列的平行线表示水面的方法称线条法。作图时，既可以将整个水面全部用线条均匀地布满，也可以局部留有空白，或者只局部画些线条。线条可采用波纹线、水纹线、直线或曲线。组织良好的曲线还能表现出水面的波动感。

水面可用平面图和透视图表现。平面图和透视图中水面的画法相似，只是为了表示透视图中深远的空间感，对于较近的则表现得要浓密，越远则越稀疏。水面的状态有静、动之分，它的画法如下：

静水面是指宁静或有微波的水面，能反映出倒影，如宁静时的海、湖泊、池潭等。静水面多用水平直线或小波纹线表示,如图4.4(a)所示。

动水面是指湍急的河流、喷涌的喷泉或瀑布等,给人以欢快、流动的感觉。其画法多用大波纹线、鱼鳞纹线等活泼动态的线型表现,如图4.4(b)所示。

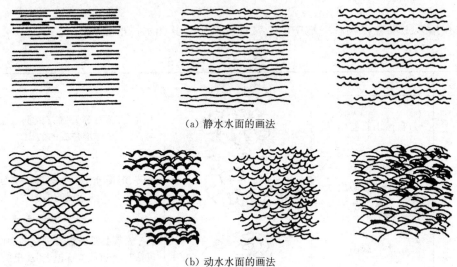

图4.4 水面的画法

2. 等深线法

在靠近岸线的水面中,依岸线的曲折作二三根曲线,这种类似等高线的闭合曲线称为等深线。通常形状不规则的水面用等深线表示(图4.5)。

3. 平涂法

用水彩或墨水平涂表示水面的方法称平涂法。用水彩平涂时,可将水面渲染成类似等深线的效果。先用淡铅作等深线稿线,等深线之间的间距应比等深线法大些,然后再一层层地渲染,使离岸较远的水面颜色较深。也可以不考虑深浅,均匀涂黑(图4.6)。

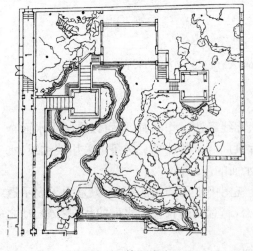

图4.5 等深线法

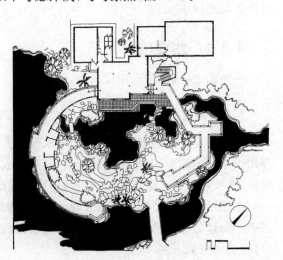

图4.6 平涂法

4. 添景物法

添景物法是利用与水面有关的一些内容表示水面的一种方法。与水面有关的内容包括一些水生植物(如荷花、睡莲)、水上活动工具(船只、游艇等)、码头和驳岸、露出水面的石块及周围的水纹线、石块落入湖中产生的水圈等(图4.7)。

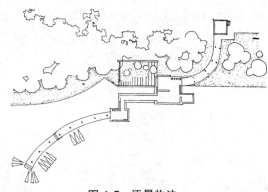

图4.7 添景物法

4.3.2 水体的立面表示法

在立面上,水体可采用线条法、留白法、光影法等表示。

1. 线条法

线条法是用细实线或虚线勾画出水体造型的一种水体立面表示法。线条法在工程设计图中使用得最多。用线条法作图时应注意:①线条方向与水体流动的方向保持一致。②水体造型清晰,但要避免外轮廓线过于呆板生硬(图4.8)。

图4.8 线条法

跌水、叠泉、瀑布等水体的表现方法一般也用线条法,尤其在立面图上更是常见,它简洁而准确地表达了水体与山石、水池等硬质景观之间的相互关系(图4.9)。用线条法还能表示水体的剖(立)面图(图4.10)。

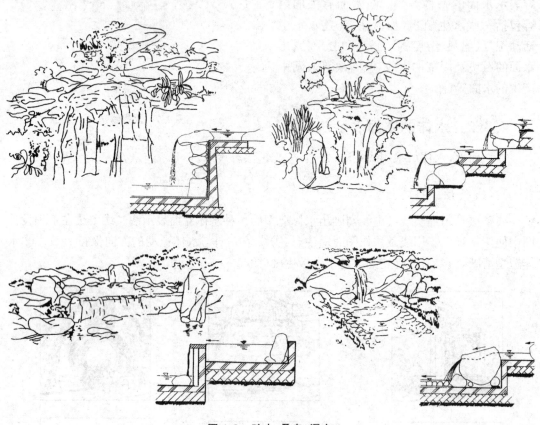

图 4.9 跌水、叠泉、瀑布

图 4.10 银河茶室景点立面图

2. 留白法

留白法就是将水体的背景或配景画暗,从而衬托出水体造型的表示手法。留白法常用于表现所处环境复杂的水体,也可用于表现水体的洁白与光亮(图4.11)。

图 4.11 留白法

3. 光影法

用线条和色块(黑色和深蓝色)综合表现出水体的轮廓和阴影的方法叫水体的光影表现法。留白法与光影法主要用于效果图中(图4.12)。

图 4.12 光影法

水体表示法示例见图 4.13，4.14。

图 4.13　圆形水池中石块顶端的喷泉

图 4.14　小溪中的水石景观

思考与练习

1) 临摹山石的平面表示图。

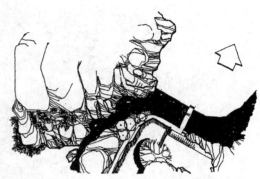

2) 临摹山石的明暗表示法图例。

3) 临摹水景的表现图。

4) 指出下列引导线所指的水景名称。

5）根据示意图,查阅资料绘制出水的不同形态,并临摹其全景图。

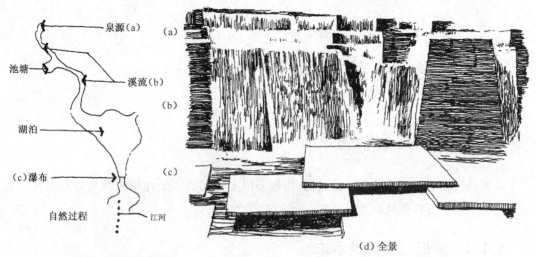

6）临摹各种素材综合表现图。

7）根据以下平面图所示水景,绘制其局部效果图或鸟瞰图。

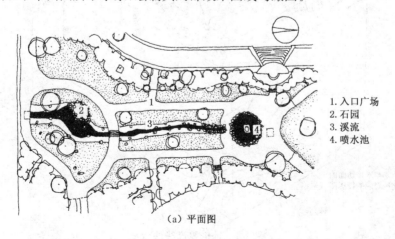

1. 入口广场
2. 石园
3. 溪流
4. 喷水池

（a）平面图

5 地形、道路的表示方法

5.1 地形的表示方法

地形是地物形状和地貌的总称,具体指地表以上分布的固定性物体及其与地表共同呈现出的高低起伏等各种状态。

5.1.1 地形的平面表示法

地形的平面表示主要采用图示和标注的方法。等高线法是地形最基本的图示表示方法,在此基础上可获得地形的其他直观表示法。标注法则主要用来标注地形上某些特殊点的高程。

1. 等高线法

等高线法是以某个参照水平面为依据,用一系列等距离假想的水平面切割地形后所获得的交线的水平正投影(标高投影)图表示地形的方法(图 5.1)。两相邻等高线切面 L 之间的垂直距离 h 称为等高距,水平投影图中两相邻等高线之间的垂直距离称为等高线平距,平距与所选位置有关,是个变值。地形等高线图上只有标注比例尺和等高距后才能解释地形。

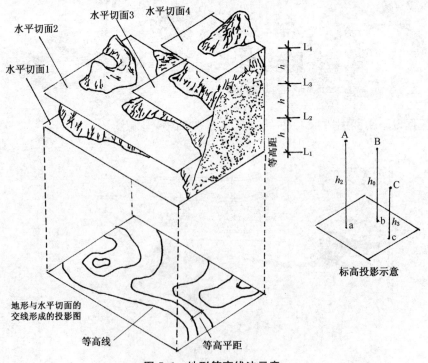

图 5.1 地形等高线法示意

一般的地形图中只用两种等高线,一种是基本等高线,称为首曲线,常用细实线表示。另一种是每隔 4 根首曲线加粗一根并注上高程的等高线,称为计曲线(图 5.2)。有时为了避免混淆,原地形等高线用虚线,设计等高线用实线(图 5.3)。

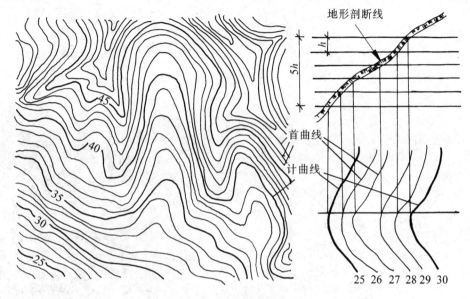

图 5.2　首曲线和计曲线

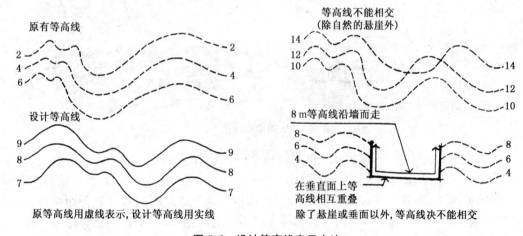

图 5.3　设计等高线表示方法

2. 坡级法

在地形图上,用坡度等级表示地形的陡缓和分布的方法称作坡级法。这种图式方法较直观,便于了解和分析地形,常用于基地现状和坡度分析图中。坡度等级根据等高距的大小、地形的复杂程度以及各种活动内容对坡度的要求进行划分。地形坡级图的作法可参考下面的步骤(图 5.4)。

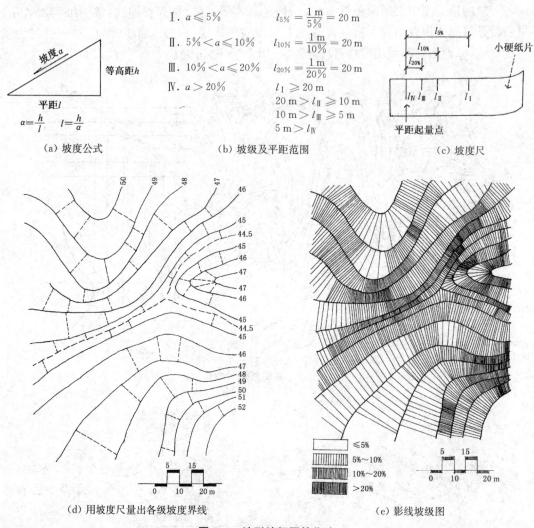

图 5.4 地形坡级图的作法

首先定出坡度等级。即根据拟定的坡度值范围,用坡度公式 $\alpha = (h/l) \times 100\%$,算出临界平距 $l_{5\%}$、$l_{10\%}$ 和 $l_{20\%}$,划分出等高线平距范围,见图 5.4(b)。然后,用硬纸片做的标有临界平距的坡度尺,见图 5.4(c)或者用直尺去量找相邻等高线间的所有临界平距位置,量找时,应尽量保证坡度尺或直尺与两根相邻等高线相垂直,见图 5.4(d),当遇到间曲线(图 5.4 中用虚线表示的等高距减半的等高线)时,临界平距要相应地减半。最后,根据平距范围确定出不同坡度范围(坡级)内的坡面,并用线条或色彩加以区别,常用的区别方法有影线法和单色或复色渲染法,见图 5.4(e)。

3. 分布法

地形分布图(图 5.5a)主要用于表示基地范围内地形变化的程度、地形的分布和走向。

地形等高线图(图 5.5b)是地形的另一种直观表示法,将整个地形的高程划分成间距相等的几个等级,并用单色加以渲染,各高度等级的色度随着高程从低到高的变化也逐渐由浅变深。

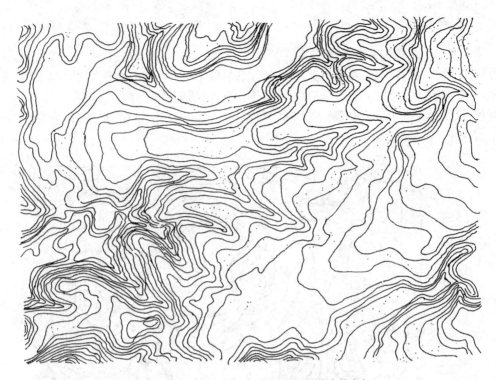

(a) 地形分布图：表示地形变化程度，地形分布及走向

(b) 地形等高线图：表示地形高低各级的分布情况

图5.5 地形分布图示法

4. 高程标注法

当需表示地形图中某些特殊的地形点时,可用十字或圆点标记这些点,并在标记旁注上该点到参照面的高程,高程常注写到小数点后第二位,这些点常处于等高线之间,这种地形表示法称为高程标注法。高程标注法适用于标注建筑物的转角、墙体和坡面等顶面和底面的高程,以及地形图中最高和最低等特殊点的高程。因此,场地平整、场地规划等施工图中常用高程标注法(图5.6)。

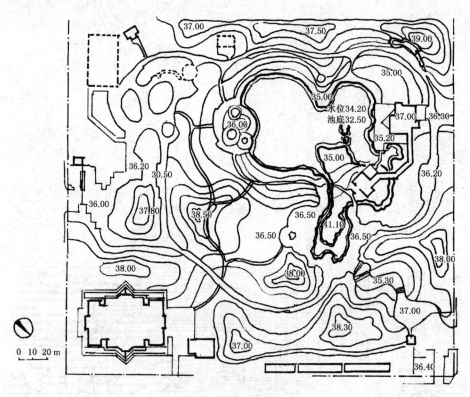

图5.6 丽都公园地形设计

5.1.2 地形剖面图的作法

作地形剖面图先根据选定的比例结合地形平面作出地形剖断线,然后绘出地形轮廓线,并加以表现,便可得到较完整的地形剖面图。下面着重介绍一下地形剖断线和轮廓线的作法。

1. 地形剖断线的作法

求作地形剖断线的方法较多,此处只介绍一种简便的作法。首先在描图纸上按比例画出间距等于地形等高距的平行线组,并将其覆盖到地形平面图上,使平行线组与剖切位置线相吻合,然后,借助丁字尺和三角板作出等高线与剖切位置线的交点,见图5.7(a),再用光滑的曲线将这些点连接起来并加粗、加深即得地形剖断线,见图5.7(b)。

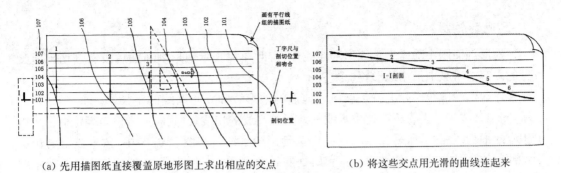

(a) 先用描图纸直接覆盖原地形图上求出相应的交点　　(b) 将这些交点用光滑的曲线连起来

图 5.7　地形剖断线的作法

2. 垂直比例

地形剖面图的水平比例应与原地形平面图的比例一致，垂直比例可根据地形情况适当调整。当原地形平面图的比例过小、地形起伏不明显时，可将垂直比例扩大 5～20 倍。采用不同的垂直比例所作的地形剖面图的起伏不同，且水平比例与垂直比例不一致时，应在地形剖面图上同时标出这两种比例。当地形剖面图需要缩放时，最好还要分别加上图示比例尺（图 5.8）。

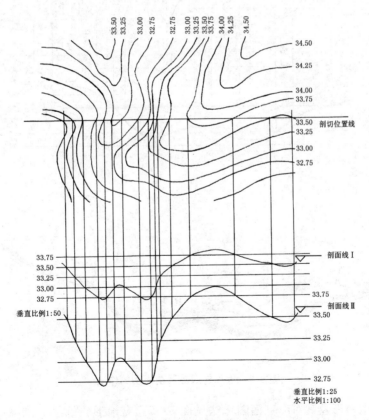

图 5.8　地形断面的垂直比例

3. 地形轮廓线

在地形剖面图中除需表示地形剖断线外，有时还需表示地形剖断面后没有剖切到但又可见的内容。可见地形用地形轮廓线表示。

求作地形轮廓线实际上就是求作该地形的地形线和外轮廓线的正投影。如图5.9(a)所示，图中虚线表示垂直于剖切位置线的地形等高线的切线，将其向下延长与等距平行线组中相应的平行线相交，所得交点的连线即为地形轮廓线。在图5.9(b)中，树木投影的作法为：将所有树木按其所在的平面位置和所处的高度(高程)定到地面上，然后作出这些树木的立面，并根据前挡后的原则擦除被挡住的图线，描绘出留下的图线即得树木投影。

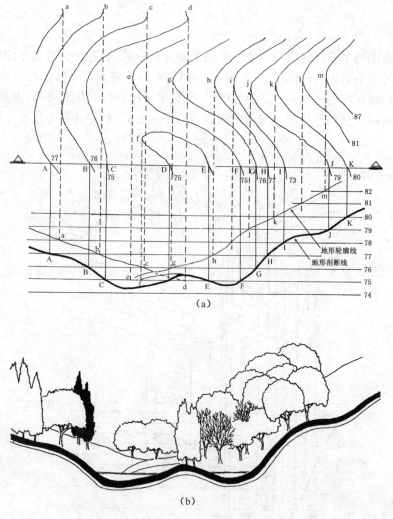

图5.9 地形轮廓线及剖面图的作法

等高线表示地形及其对应剖面图作法见图5.10。有地形轮廓线的剖面图的作法较复杂，若不考虑地形轮廓线，则作法要相对容易些(图5.11)。因此，在平地或地形较平缓的情况下可不作地形轮廓线，当地形较复杂时应作地形轮廓线。

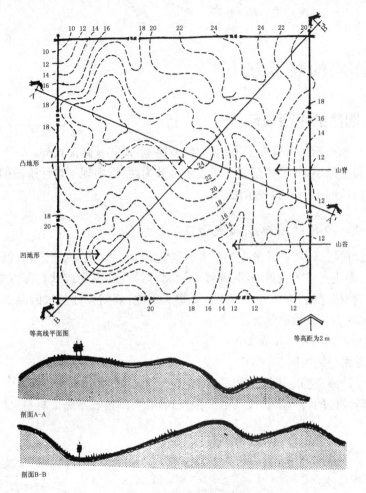

图 5.10 等高线表示地形及其剖面图作法

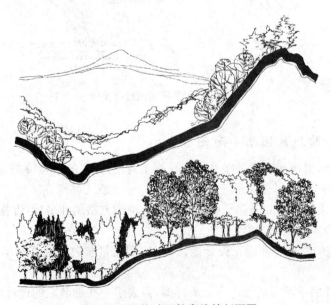

图 5.11 不作地形轮廓线的剖面图

5.2 园路的表示方法

5.2.1 园路的平面表示法

园林道路平面表示的重点在于道路的线型、路宽、形式及路面式样。

根据设计深度的不同,可将园路平面表示法分为两类,即规划设计阶段的园路平面表示法和施工设计阶段的园路平面表示法。

1. 规划设计阶段的园路平面表示法

在规划设计阶段,园路设计的主要任务是与地形、水体、植物、建筑物、铺装场地及其他设施合理结合,形成完整的风景构图;连续展示园林景观的空间或欣赏前方景物的透视线,并使路的转折、衔接通顺,符合游人的行为规律。因此,规划设计阶段园路的平面表示以图形表示为主,基本不涉及数据的标注(图5.12)。

绘制园路平面图的基本步骤如下:
(1) 确立道路中线见图5.12(a);
(2) 根据设计路宽确定道路边线见图5.12(b);
(3) 确定转角处的转弯半径或其他衔接方式,并可酌情表示路面材料见图5.12(c)。

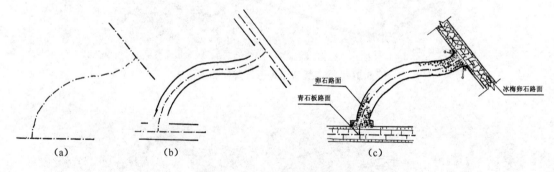

图5.12 园路平面图绘制步骤

2. 施工设计阶段的园路平面表示法

所谓施工设计,简单地讲就是能直接指导施工的设计,它的主要特点是:

(1) 图、地——对应,即施工图上的每一个点、每一条线都能在实地上一一对应地准确找到。因此,施工设计阶段的园路平面图必须有准确的方格网和坐标,方格网的基准点必须在实地有准确的固定的位置。

(2) 标注相应的数据。在施工设计阶段,用比例尺量取数值已不够准确,因此,必须标注尺寸数据。

园路施工设计的平面图通常还需要大样图,以表示一些细节上的设计内容,如路面的纹样设计(图5.13)。

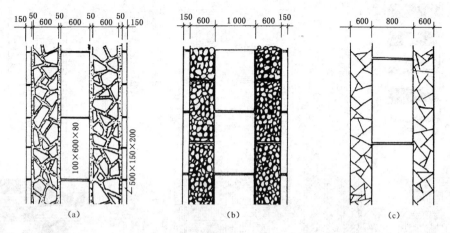

图 5.13 园路施工设计平面大样图

在路面纹样设计中,不同的路面材料和铺地式样有不同的表示方法(图 5.14)。

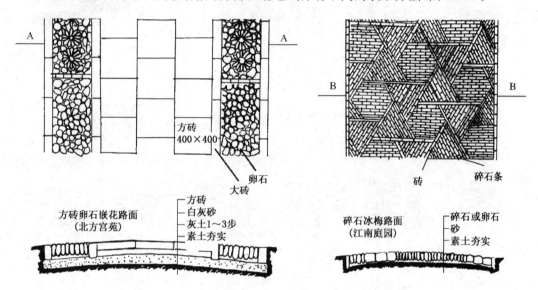

(a)卵石及砖路面纹样设计

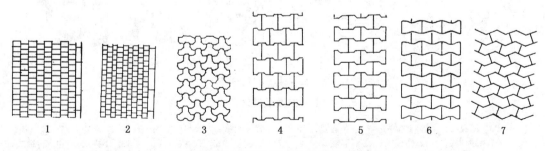

(b)水泥混凝土预制块路面(含异型砖)纹样设计

注:1.长方块; 2.小方块; 3.三棱型块; 4.工字型块; 5.双头型块; 6.弯曲型块; 7.S 型块

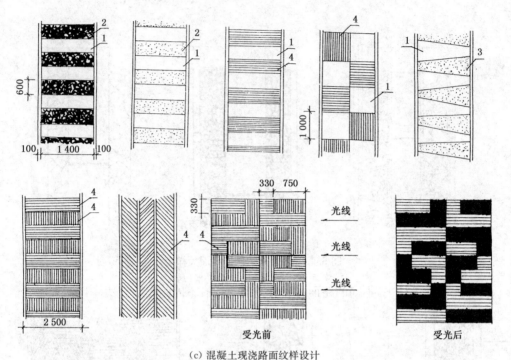

(c) 混凝土现浇路面纹样设计

注：1. 抛光； 2. 拉毛； 3. 水刷； 4. 用橡皮刷拉道

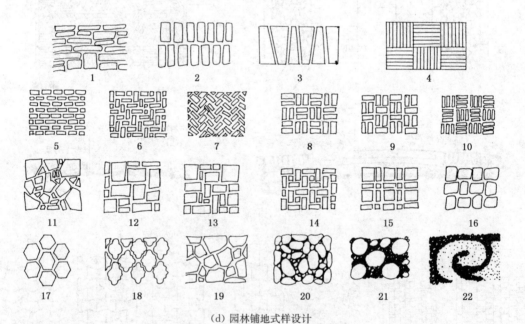

(d) 园林铺地式样设计

图 5.14 各种路面及铺地的式样设计

注：1. 横纹式； 2. 移位式； 3. 镶嵌式； 4. 横竖纹式； 5. 错缝式； 6. 之字式； 7. 人字式；
8. 并列式； 9. 错位式； 10. 席纹式； 11. 碎拼纹式； 12. 大拼式； 13. 小拼式； 14. 转拼式；
15. 帧幅式； 16. 连锁式； 17. 六角蜂巢式； 18. 菱花式； 19. 冰裂纹式； 20. 密卵式； 21. 团粒式；
22. 图案式

除 4、20、21、22 外，其余铺地式样均可嵌草。嵌草路面的表示法参见图 5.13(a)。

5.2.2 园路的断面表示法

园路的断面表示主要用于施工设计阶段,又可分为纵断面图表示和横断面图表示。

1. 纵断面图表示法

园路的纵断面图主要表现道路的竖曲线、设计纵坡以及设计标高与原标高的关系等。

绘定设计线的具体步骤:

(1) 标出高程控制点(路线起讫点地面标高,相交道路中心标高,相交铁路轨顶标高,桥梁桥面标高,特殊路段的路基标高,填挖合理标高点等)。

(2) 拟定设计线。由行车及有关道路技术准则要求,先行拟定设计线,即进行道路纵向"拉坡"。可用大头针插在转坡点上,并用细棉线代表设计线,在原地面线上下移动。结合道路平面和横断面斟酌填挖工程量的大小,决定转坡点的恰当位置。定好后,可沿细棉线把各段的设计线用笔画定。定设计线时,除注意在纵断面上的填挖平衡,还应结合沿途小区、街坊的竖向规划设计考虑。

(3) 确定设计线。在拟定设计线后,还要进行各项设计指标的调整查验,如道路的最小纵坡、坡度、坡度折减、桥头线型、纵断面和横断面及平面线型的配合协调等。

(4) 设计竖曲线。根据设计纵坡折角的大小,选用竖曲线半径,并进行有关计算。当外距小于5 cm时,可不设竖曲线。有时亦可插入一组不同坡的竖折线来代替竖曲线,以免填挖方过多。

(5) 标出桥、涵、驳岸、闸门、挡土墙等具体位置与标高,以及桥顶标高和桥下净空及等级。

(6) 绘制纵断面设计全图,见图5.15。

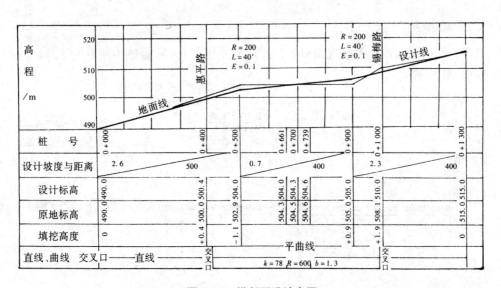

图5.15 纵断面设计全图

2. 横断面表示法

园路的横断面图主要表现园路的横断面形式及设计横坡(图5.16)。

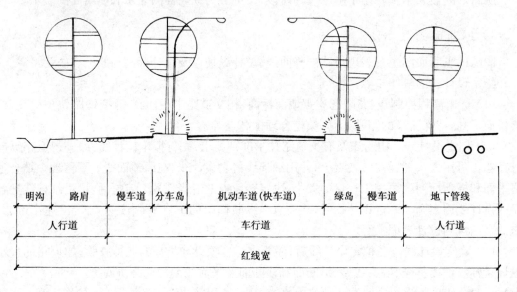

图5.16 标准横断面图

道路横断面设计,系在风景园林总体规划中所确定的园路路幅或在道路红线范围内进行。它由下列各部分组成:车行道、人行道或路肩、绿带、地上和地下管线(给水、电力、电讯等)共同敷设带(简称共同沟)、排水(雨水、中水、污水)沟道、电力电讯照明电杆、分车导向岛、交通组织标志、信号和人行横道等。

3. 园路结构断面表示法

园路的结构断面图主要表现园路各构造层的厚度与材料,通过图例和文字标注两部分表示清楚(图5.17)。

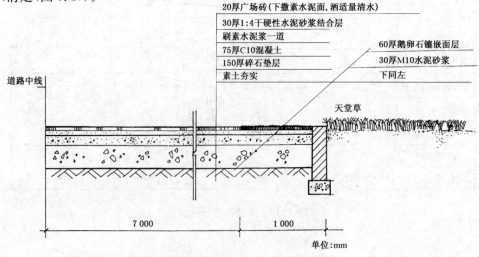

图5.17 道路铺装结构断面图

思考与练习

1) 按以下示意图做出等高线。

2) 求作 A-A′剖面图。

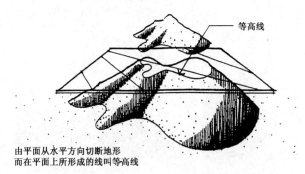

由平面从水平方向切断地形
而在平面上所形成的线叫等高线

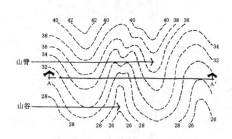

3) 以下等高线表示哪个是正确的,哪个是错误的?

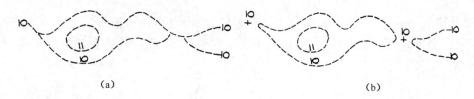

　　　　　(a)　　　　　　　　　　　　(b)

4) 已知某地形等高线,求作剖面图。

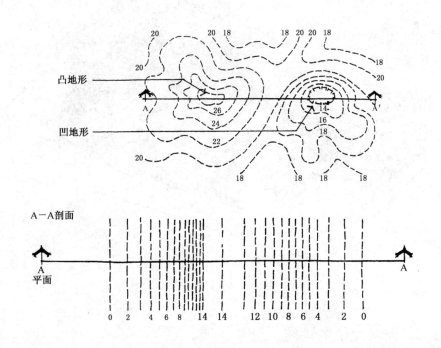

6 园林建筑

6.1 园林建筑概述

园林建筑,主要指在园林中成景的,同时又为人们欣赏、休息或起交通作用的建筑和建筑小品的设计,如园亭、园廊等。

6.1.1 园林建筑的特点

园林建筑不论单体或组群,通常是结合地形、植物、山石、水池等组成景点、景区或园中园,它们的形式、体量、尺度、色彩以及所用的材料等,同所处位置和环境的关系特别密切(图6.1)。

图6.1 网师园建筑群

6.1.2 园林建筑的功能

园林建筑的功能特点主要表现在它对园林景观的创造所起的积极作用,这种作用可以概括为下列四个方面(图6.2):

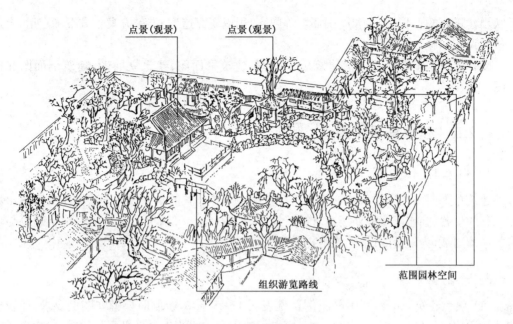

图 6.2 园林建筑功能图

1. 点景

即点缀风景。建筑与山水、花木种植相结合而构成园林内的许多风景画面,有宜于就近观赏的,有适合于远眺的。在一般情况下,建筑物往往是这些画面的重点或主题;没有建筑也就不成其为"景",无以言园林之美。重要的建筑物常常作为园林的一定范围内甚至整座园林的构景中心,园林的风格在一定程度上也取决于园林建筑的风格。

2. 观景

即观赏风景。以一幢建筑物或一组建筑群作为观赏园内景物的场所;它的位置、朝向、封闭或开敞的处理往往取决于得景之佳否,即是否能够使得观赏者在视野范围内摄取到最佳的风景画面。

3. 范围园林空间

即利用建筑物围合成一系列的庭院;或者以建筑为主,辅以山石花木,将园林划分为若干空间层次。

4. 组织游览路线

以道路结合建筑物的穿插、"对景"和障隔,创造一种步移景异,具有导向性的游动观赏效果。

6.2 园林建筑初步设计图绘制

园林建筑的设计,一般要经过初步设计、技术设计和施工设计三个阶段。初步设计图应反映出建筑物的形状、大小和周围环境等内容,用以研究造型、推敲方案。方案确定后,再进行技术设计和施工设计。

园林建筑初步设计图包括建筑总平面图、建筑平面图、建筑立面图、建筑剖面图和透视图。

6.2.1 建筑总平面图

1. 内容与用途

建筑总平面图是表示新建建筑物所在基地内总体布置的水平投影图。图中要表示出新建工程的位置、朝向以及室外场地、道路、地形、地貌、绿化等情况。它是用来确定建筑与环境关系的图纸,为以后的设计、施工提供依据。

2. 绘制要求

(1)熟悉建筑总平面图中的图例　见表6.1～表6.3,绘制时要遵守图例要求,如新建建筑物用粗实线绘出水平投影外轮廓,原有建筑用中实线绘出水平投影外轮廓,对建筑的附属部分,如散水、台阶、花池、景墙等,用细实线绘制,也可不画。绿化图例可按第三章3.3附录中所示表3.6常用图例符号绘制。

表6.1　建筑

序号	名称	图例	说明
1	规划的建筑物		用粗实线表示
2	原有的建筑物		用中实线表示
3	规划扩建的预留地或建筑物		用中虚线表示
4	拆除的建筑物		用细实线表示
5	地下建筑物		用粗虚线表示
6	坡屋顶建筑		包括瓦顶、石片顶、饰面砖顶等
7	草顶建筑或简易建筑		
8	温室建筑		

表 6.2 小品设施

序号	名称	图例	说明
1	喷泉		仅表示位置,不表示具体形态,以下同也可根据设计形态表示
2	雕塑		
3	花台	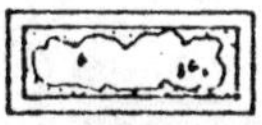	
4	坐凳		
5	花架	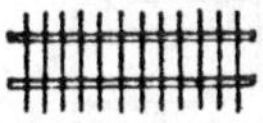	
6	围墙	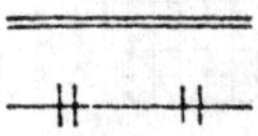	上图为砌或漏空围墙； 下图为栅栏或篱笆围墙
7	栏杆	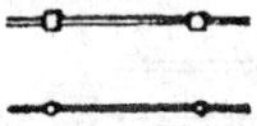	上图为非金属栏杆； 下图为金属栏杆
8	园灯		
9	饮水台		
10	指示牌		

表 6.3 工程设施

序号	名称	图例	说明
1	护坡		
2	挡土墙	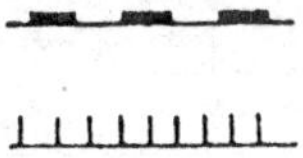	突出的一侧表示被挡土的一方
3	排水明沟		上图用于比例较大的图面； 下图用于比例较小的图面
4	有盖的排水	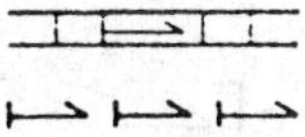	上图用于比例较大的图面； 下图用于比例较小的图面
5	雨水井		
6	消火栓井		

续表 6.3

序号	名称	图例	说明
7	喷灌点		
8	道路	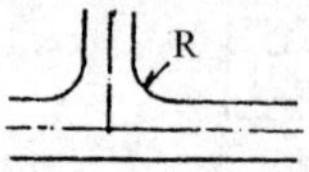	
9	铺装路面		
10	台阶	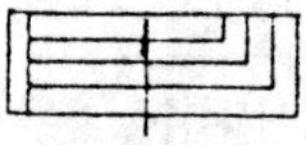	箭头指向表示向上
11	铺砌场地	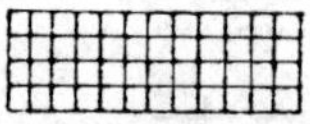	也可依据设计形态表示
12	车行桥		
13	人行桥	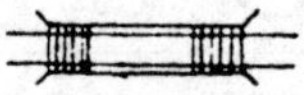	也可依据设计形态表示
14	亭桥	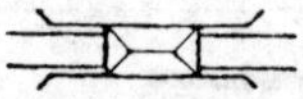	
15	铁索桥		
16	汀步		
17	涵洞		
18	水闸	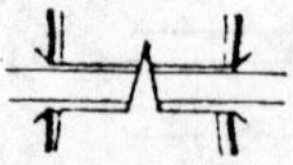	
19	码头	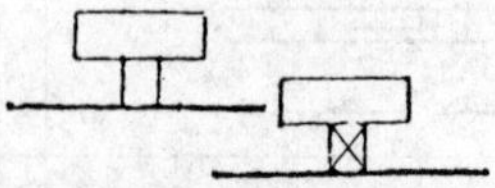	上图为固定码头；下图为浮动码头
20	驳岸	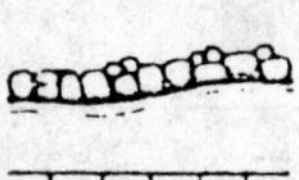	上图为假山石自然式驳岸；下图为整形砌筑规划式驳岸

（2）标注标高　建筑总平面图中应标注建筑物首层室内地面的标高，室外地坪及道路的标高，等高线的高程。图中所注的标高和高程均为绝对高程。

（3）新建工程的定位　新建工程一般根据原有房屋、道路或其他永久性建筑定位，如在新建范围内无参照标志时，可根据测量坐标，绘出坐标方格网，确定建筑及其他构筑物的位置，如图6.3所示。

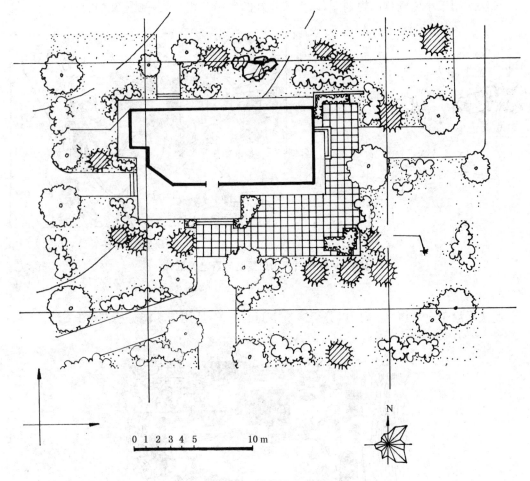

图6.3　建筑总平面图

（4）如有地下管线或构筑物，图中也应画出它的位置，以便作为平面布置的参考。

（5）绘制比例、风玫瑰图，注写标题栏。

总平面图的范围较大，通常采用较小比例，如1∶300、1∶500、1∶1 000等。图中尺寸数字单位为m。总平面图宜用线段比例尺和风玫瑰图，分别表示比例、朝向及常年风向频率。

6.2.2　建筑平面图

1. 建筑平面图的内容与用途

建筑平面图是沿建筑物窗台以上部位（没有门窗的建筑过支撑柱部位）经水平剖切后所

得的剖面图。建筑平面图除应表明建筑物的平面形状、房间布置以及墙、柱、门、窗、楼梯、台阶、花池等位置外,还应标注必要的尺寸、标高及有关说明。

2. 园林建筑平面图绘制方法

1) 抽象轮廓法

该法适用于小比例总体规划图,以反映建筑的布局及相互关系(图6.4)。

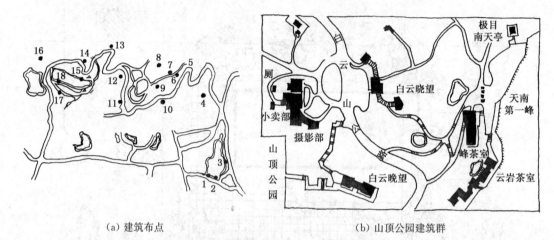

(a) 建筑布点　　　　　　　　　　(b) 山顶公园建筑群

图 6.4　广州白云山风景区风景建筑布点

2) 涂实法

此法平涂于建筑物之上,用以分析建筑空间的组织,适用于功能分析图(图 6.5)。

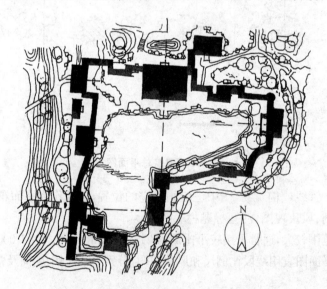

图 6.5　北京颐和园谐趣园平面功能图

3) 平顶法

此法将建筑屋顶画出,可以清楚辨出建筑顶部的形式、坡向等型制,适用于总平面图(图 6.6)。

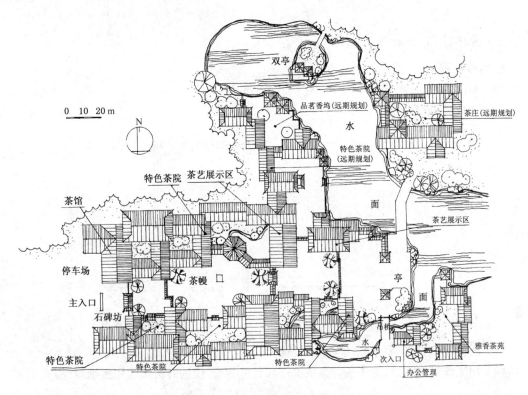

图 6.6 用平顶法绘制总平面图

4)剖平面法

此法适用于大比例绘图,该法将园林建筑平面布局清晰表达,是较常用的绘制单体园林建筑的方法(图 6.7)。

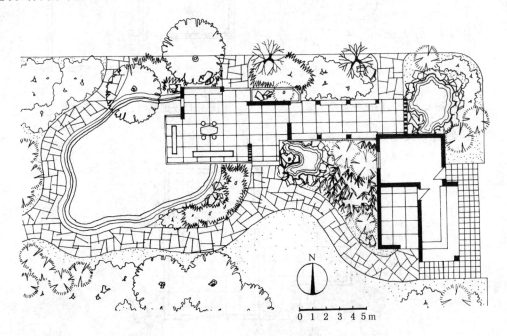

图 6.7 用剖平面法绘制平面图

3. 园林建筑平面绘制步骤

公园传达室

(1) 画内外墙中线(图 6.8)。

(2) 画内外墙厚度(图 6.9)。

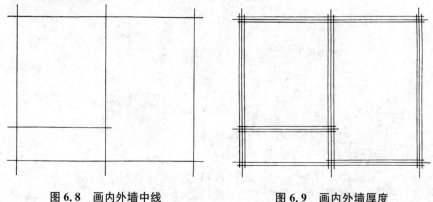

图 6.8　画内外墙中线　　　　　图 6.9　画内外墙厚度

(3) 画出门窗位置及宽度。当比例尺较大时,应绘出门、窗框以示意(图 6.10)。

(4) 加深墙的剖断线,按线条等级依次加深其他各线,门的开关弧线用最细线(图 6.11)。

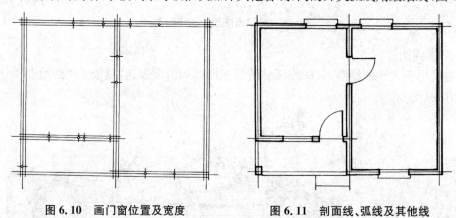

图 6.10　画门窗位置及宽度　　　图 6.11　剖面线、弧线及其他线

(5) 绘制配景及地面材料用细线(图 6.12)。

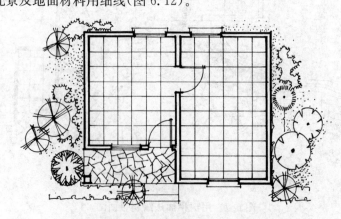

图 6.12　绘制配景及地面材料用细线

6.2.3 建筑立面图

1. 建筑立面图的内容与用途

建筑立面图是将建筑物的立面向与其平行的投影面投影所得的投影图。

建筑立面图应反映建筑物的外形及主要部位的标高。其中反映主要外貌特征的立面图称为正立面图，其余的立面图相应地称为背立面图、侧立面图。也可按建筑物的朝向命名，如南立面图、北立面图、东立面图和西立面图。有时也按照外墙轴线编号来命名，如①～⑥立面图或 A～D 立面图。

2. 绘制要求

（1）线型　立面图的外轮廓线用粗实线，主要部位轮廓线如勒脚、窗台、门窗洞、檐口、雨篷、柱、台阶、花池等用中实线。次要部位轮廓线如门窗扇线、栏杆、墙面分格线、墙面材料等用细实线。地坪线用特粗线。

（2）尺寸标注　立面图中应标注主要部位的标高，如出入口地面、室外地坪、檐口、屋顶等处，标注时注意排列整齐，力求图面清晰，出入口地面标高为±0.000。

（3）绘制配景　为了衬托园林建筑的艺术效果，根据总平面图的环境条件，通常在建筑物的两侧和后部绘出一定的配景，如花草、树木、山石等。绘制时可采用概括画法，力求比例协调、层次分明(图 6.13)。

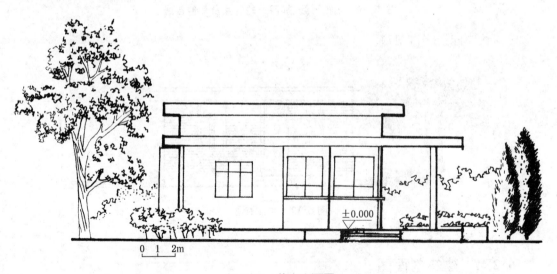

图 6.13　茶室立面图

3. 绘制步骤

公园传达室

（1）画出室内外地坪线，墙体的结构中心线，内外墙及屋面构造厚度(图 6.14)。

（2）画出门、窗洞高度、出檐宽度及厚度。室内墙面上门的投形轮廓(图 6.15)。

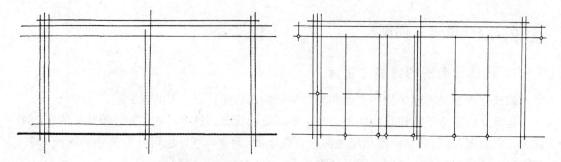

图 6.14 画室内外地坪线,墙体中心线,
内外墙及屋面构造厚度

图 6.15 画出门、窗高度、出檐宽度及厚度、
门的投形轮廓

(3) 画出门、窗、墙面、踏步等细部的投形线。加深外轮廓线,然后按线条等级依次加深各线(图 6.16)。

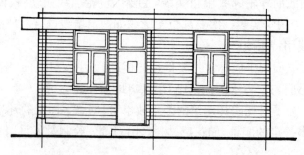

图 6.16 画投形线、加深外轮廓线及其他各线

(4) 绘制配景(图 6.17)。

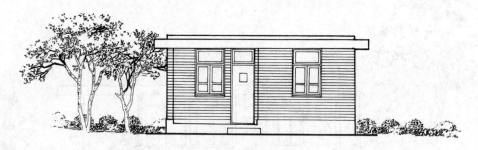

图 6.17 绘制配景

6.2.4 建筑剖面图

1. 建筑剖面图的内容和用途

建筑剖面图是假想用一个垂直的剖切平面将建筑物剖切后所获得的。

建筑剖面图用来表示建筑物沿高度方向的内部结构形式和主要部位的标高。

剖面图与平面图和立面图配合,可以完整地表达建筑物的设计方案,并为进一步设计和施工提供依据。

2. 建筑剖面图的绘制要求

(1) 剖切位置的选择 剖面图的剖切位置,应根据所要表达的内容确定,一般应通过门、窗等有代表性的典型部位。剖面图的名称应与平面图中所标注的剖切位置线编号一致。

(2) 定位轴线 为了定位和阅读方便,剖面图中应给出与平面图编号相同的轴线,并注写编号。

(3) 线型 剖切平面剖到的断面轮廓用粗实线绘制,没剖到的主要可见轮廓用中实线,如窗台、门窗洞、屋檐、雨篷、墙、柱、台阶、花池等。其余用细实线,如门窗扇线、栏杆、墙面分格线等。地坪线用特粗线。

(4) 尺寸标注 建筑剖面图应标注建筑物主要部位的标高,如室外地坪、室内地面、窗台、门窗洞顶部、檐口、屋顶等部位的标高。所注尺寸应与平面图、立面图吻合(图6.18)。

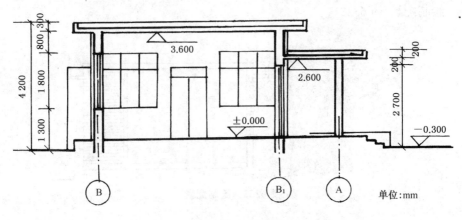

图 6.18 剖面图

3. 绘制步骤示例:公园传达室

(1) 画出室内外地坪线,墙体的结构中心线,内外墙厚度及屋面构造厚度(图 6.19)。

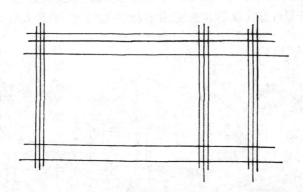

图 6.19 画地坪线、墙体中心线及内外墙和屋面厚度

(2) 画出门、窗洞高度,出檐宽度及厚度,室内墙面上门的投形轮廓(图 6.20)。

(3) 画出剖断部分轮廓线和各投形线,如门洞、墙面、踢脚线等,并加深剖断轮廓线,然后按线条等级依次加深各线(图6.21)。

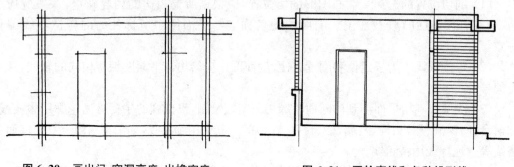

图6.20 画出门、窗洞高度,出檐宽度、厚度及投形轮廓

图6.21 画轮廓线和各种投形线

(4) 绘制配景(图6.22)。

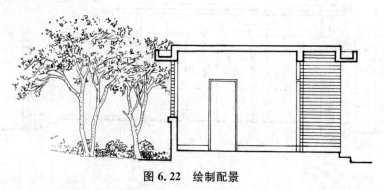

图6.22 绘制配景

6.2.5 建筑透视图

建筑透视图主要表现建筑物及配景的空间透视效果,它能够充分直观地表达设计者的意图,比建筑立面图更直观、更形象,有助于设计方案的确定。

园林建筑透视图所表达的内容应以建筑为主,配景为辅。配景应以总平面图的环境为依据,为避免遮挡建筑物,配景可有取舍,建筑透视图的视点一般应选择在游人集中处,见图6.23。

图6.23 茶室透视图

园林建筑透视图绘图步骤：

（1）以 A3 幅面绘制图形，用 2H 铅笔将已求好之透视影印在图纸之上（图 6.24）。

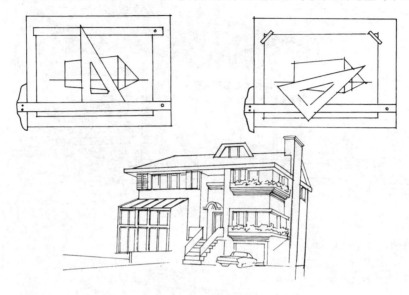

图 6.24　绘制图形

（2）用 0.2～0.3 针管笔勾勒建筑外形及构件外形（图 6.25）。

图 6.25　勾勒建筑及构件外形

（3）分大面　将建筑的主要明暗关系表达清楚，对阴影进行反光分析（图 6.26）。

图 6.26　表达明暗关系

97

(4)细刻画 分析各种构件的形体,并逐一刻画(图6.27)。

图 6.27 细刻画

(5)刻画配景(图6.28)。

图 6.28 刻画配景

(6)求统一(图6.29)。

图 6.29 求统一

作图练习

1）参阅资料将以下苏州拙政园中西部涂实法表示的建筑平面图转化为平顶法表现建筑，绘制出总平面图。

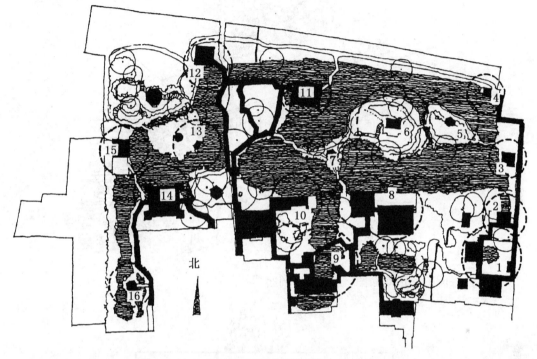

苏州拙政园中西部平面图

1. 玲珑馆；2. 海棠春坞；3. 梧竹幽居；4. 绿漪亭；5. 北山亭；6. 雪香云蔚亭；7. 荷风四面亭；8. 远香堂；9. 小沧浪；10. 香洲；11. 见山楼；12. 倒影楼；13. 与谁同坐轩；14. 三十六鸳鸯馆；15. 留听阁；16. 塔影亭

2）根据以下示意图绘制出该建筑平面、立面、剖面图。

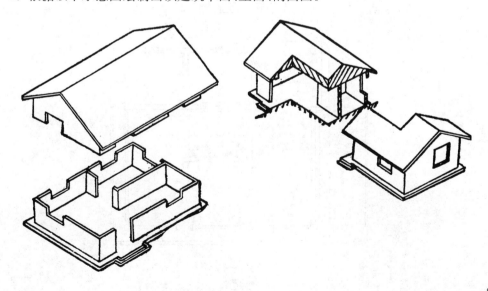

3）根据以下透视图绘制出平面图、正立面及侧立面（比例自定）。

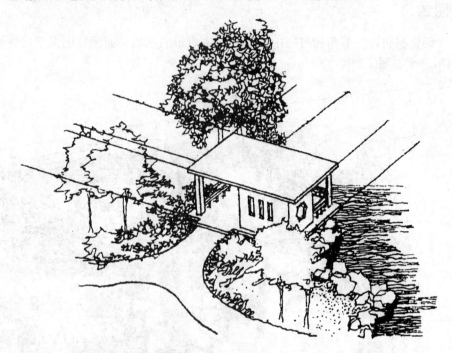

4）根据平面图和正立面图，画出 1-1 剖面图。

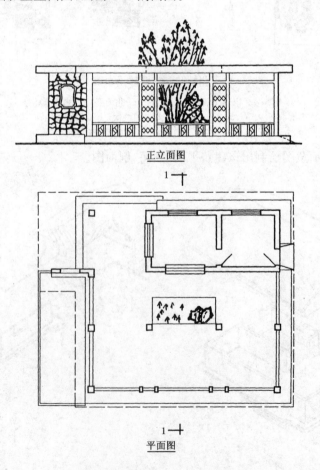

正立面图

平面图

5）根据平面图及立面图，画出透视图。

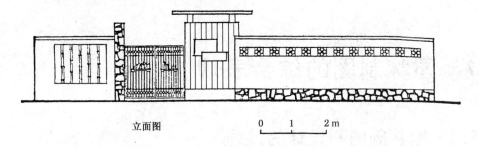

立面图

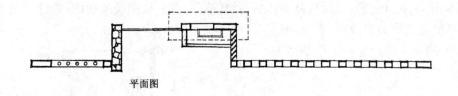

平面图

6）根据景墙的平面图和立面图，画出透视图。

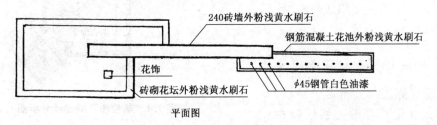

平面图

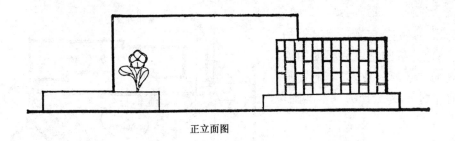

正立面图

101

7 园林制图的综合表现

7.1 园林制图和设计的过程

园林制图的设计过程,大致可分为计划书、基地分析图、概念及构想图、设计图及表现、施工图及相关文书五个阶段,在每一阶段中,绘图都是将构想或资讯加以记录、具体化的结果。

1. 计划书

是研究及收集资料的阶段。大都由富有逻辑性的文字构成,在此阶段尚不需以绘图来表示。

2. 基地特性分析及表现方法

在现况陈述及分析这一阶段,专注于收集和记录基地的实质特性资料,如基地或建筑物尺度、植栽、土壤、气候、排水、视野及其他相关因素。

现况陈述是完全客观记录基地的资料,而基地分析则是由资料使用说明及主观的评述所构成,以上的资料及前述的计划书,是设计的基本准则,见图 7.1。

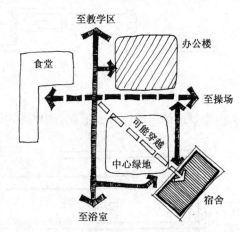

图 7.1 某校园环境设计分析图

3. 概念图构想

基本概念设计的阶段是探讨初期的设计构想和机能关系的阶段。此阶段的图面有时称为机能示意图、计划概念图、纲要计划图。它们大多是速写或类似速写的图(见图 7.2)。

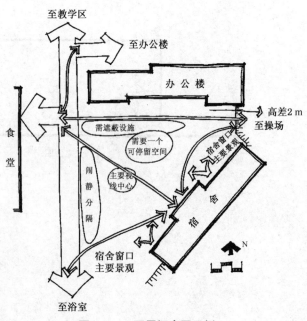

图 7.2 配置概念图示例

4. 设计图特性及表现方法

这一阶段,明确的构想开始成形。这些图面包括最初设计图、主要计划图或未来发展设计图、剖面及透视等图7.3。如果需要,则可用一些文字来加强图面的自我说明效果。简易的模型或相片也是很有效的表现形式。正式表现的图面宜用较好、较耐磨损的纸张,如粉彩纸或较厚的绘图纸。

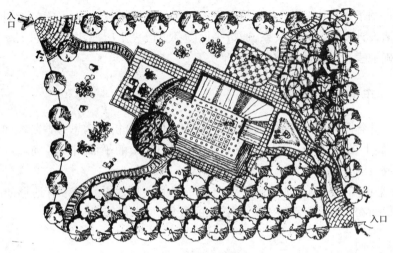

图7.3 设计图的图面表现

5. 施工图的绘制

典型的景观设计施工图应包括:总平面设计图、竖向设计总图及配置图、给排水图、种植设计图及其他细部事项包括构件精确尺寸、形状、数量、型号及位置的精确图。承包商可根据这些说明作初步的估价及竞标。同时,须使用绘图工具来绘制施工图,但可以徒手写文字说明或绘制特殊符号。图面必须完整而精确,并且易读。由于正图常常需要印晒,故所有的铅笔线必须上墨线。线条要求精确而美观,不需色彩表现,见图7.4。

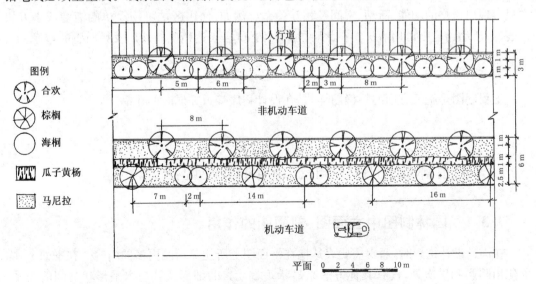

图7.4 某道路绿地景观设计施工图

7.2 园林制图中平面图的表现法

7.2.1 园林制图中平面图的重要性

园林设计图纸表现中,平面图是最重要的。这是因为园林设计的布局和结构、景观和空间构成以及诸设计要素之间的关系,通过平面图都可以表示出来,同时通过元素间的尺寸关系还可以精确地表达出物体与空间的水平关系。

7.2.2 平面图的表现法

在园林设计各阶段中,平面图的表现方式有所不同:分析或构思方案阶段的平面图较粗犷,线条多用徒手线条,具有一定图解的特点;施工图阶段的平面图较准确,表现较细致,可以作为施工放线的主要参考图。

另外,在平面图的基础上加绘落影就会有一定的鸟瞰效果。而带有地形的平面图因能解释地形起伏而在园林设计中亦显示出特殊的效果(见本章练习)。

1. 徒手绘图

徒手画很能表现出设计过程中初期的构想及概念。基本概念图、小的速写或计划构想草图常是开放、写实而自由的,而且通常只需很少的工具或技巧。更精确地说,徒手画是一种挥洒自如的画法。

2. 概念图

概念图的特征是随意、不精确。因此在符号的使用方面并不存在对或错的问题。在设计开始阶段,大部分的图都是非常抽象的,而且并不表示出精确的形状、质感或外貌。通常它只表现出概略的功能、活动、空间及相互关系。例如:使用区域可用简单的泡泡或小方块来表示;活动路径则可用箭头。在此阶段,不必尝试去表达精确的外形及其质感的边缘。

3. 工程制图

工程制图是施工方面的精确图样,是在设计程序接近完成时的作品。

7.3 园林制图中立面图、剖面图表现法

7.3.1 园林制图中立面图、剖面图的作用

在沟通设计构想时,通常需要表达比在平面图上所能显示的更多的内容。在平面上,除了使用阴影和层次外,没有其他方法来显示垂直元素的细部及其与水平形状之间的关系。

然而,剖、立面图却是达到这个目的的有效工具。

(1) 可强调各要素间的空间关系(见图 7.5)。

图 7.5　滨河绿地剖面图

(2) 可显示平面图无法显示的元素(见图 7.6,图 7.7)。

图 7.6　钓鱼台的剖面图

剖面图有两个不可或缺的特性:

① 一条明显的剖面轮廓线。

② 同一比例绘制的所有垂直物体,不论它距此剖面线多远,都将绘出。

有时我们可以在剖面图上说明其相对应的平面上的切线位置(如:钓鱼台的切剖面),同时也可以在平面上直接标出剖面切线的视线方向。

(3) 可分析优越地点的景观及视野,研究地形地貌,显示景观资源及作环境条件分析(见图 7.8)。

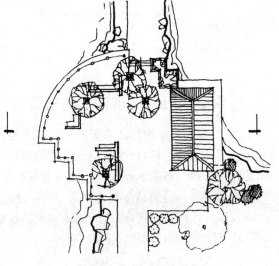

图 7.7　钓鱼台的平面图

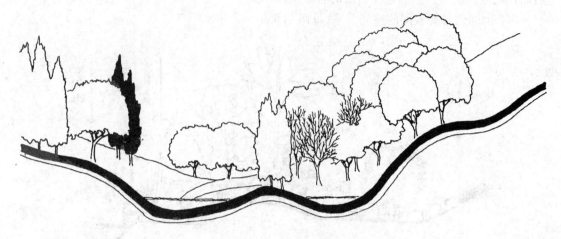

图 7.8 自然景观剖面图

(4) 可展示细部结构(见图 7.9)。

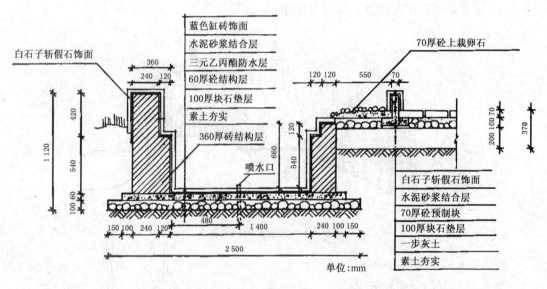

图 7.9 工程制图

7.3.2 立面图、剖面图的表现法

剖、立面图显示被切的表面和(或)侧面轮廓线,以及在剖面线前一段距离内相同比例的所有元素(绘图者可自行决定剖面线前的哪些元素要表现出来)。但通常较近的物体会以较深的线条来绘较多的细部,而较远的物体(如果也要在图面上显示出来的)则以较轻的轮廓线概略地画出。特别是在准备要晒印的完成图上,可以用墨线来画较近的元素,用铅笔画中距离及较远距离的元素,以达到上述要求的效果。

从平面图拉出剖面图(见图 7.10):

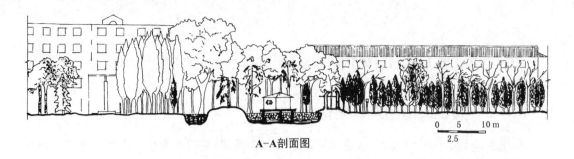

A-A剖面图

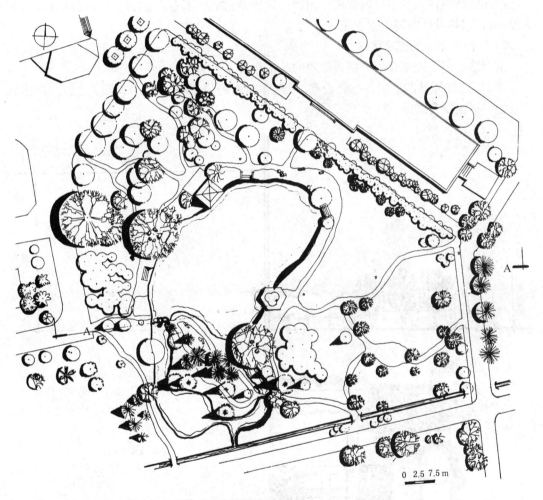

图 7.10　从平面图得出剖面图举例

(1) 先在透明纸上，定一条穿过所要显示剖面的切线（AA）。在这条切线上，将每一个与垂直面有关的点作一个记号。

(2) 移开透明纸，然后画一系列比切线高或低的水平平行线条，代表划分垂直高度变化为均等的等份。可以用与平面图相同的比例，或放大 1.5 到 2 倍。在切线所记的每一记号上，拉垂线在与它对应的正确高度处打点，然后连接所有高低变化的点。

(3) 拿另一张透明纸，快速地绘出与正确高度相对应的实体面貌，并加深剖面线。

7.4 园林设计的效果图表现

7.4.1 透视鸟瞰图及其画法

根据画面与景物的位置关系,透视鸟瞰图可分为顶视、平视和俯视三大类。平视和顶视鸟瞰图在园林设计表现中比较常用。俯视鸟瞰图,特别是俯视三点透视鸟瞰图因其作法较繁琐,故在园林设计表现中很少用。

1) 平视鸟瞰图的基本作法

下面结合例1详细介绍平视鸟瞰图的基本作法。

例 1 已知园景的平面、立面、视高、视点和画面的位置(见图 7.11、图 7.12)。求作该园景的一点透视鸟瞰图。

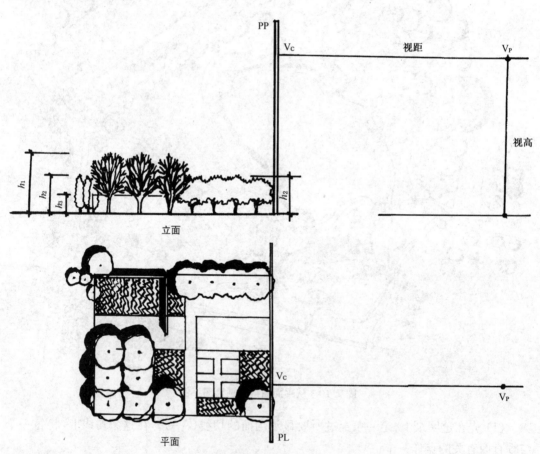

图 7.11 园景的平面、立面及透视参数

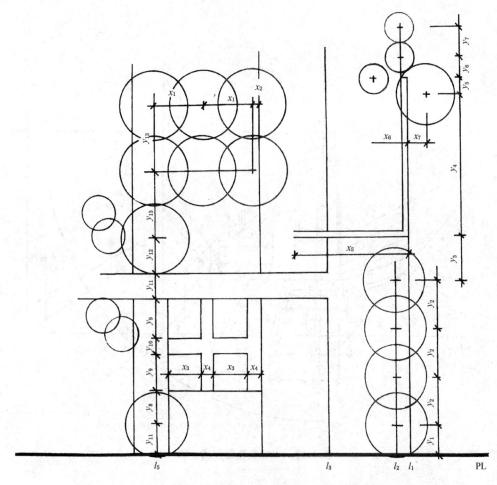

图 7.12 集中标注尺寸的平面

作图步骤(图 7.13):

(1) 定出基线 GL、视平线 HL、心点 V_C。

(2) 以 V_C 为圆心,视距为半径作圆弧,与过 V_C 的铅垂距点线 DL_1 交于距点 D_1,斜线距点线 DL_2 交于距点 D_2。在选择距点线时,除了考虑作图方便外,还需要考虑作图的准确性及所占作图空间的大小。当用两条透视方向线的交点求作透视时,两线交角的大小对作图准确性有一定影响,当交角接近 90°时,交点最准确、清楚。本例中的所有透视深度均可用视平线上的距点 D 求作。

(3) 作垂线的透视方向线。将图 7.12 中的 x 组尺寸定到基线 GL 上并分别向心点 V_C 引直线可得垂线的透视方向线。

(4) 量取透视深度。过 l_1、l_5 的画面交点分别作平行于 DL_1、DL_2 的真深线 TD_1 和 TD_2;将图 7.12 中 l_1、l_5 上集中标注的 y 组尺寸分别量到两根真深线上去;过 TD_1 和 TD_2 上所截得的点分别向 D_1 和 D_2 引直线与 l_1 和 l_5 的透视方向线相交,过所得交点作水平线与相应的透视方向线相交,可作出透视平面。

(5) 量取透视高度。在图右侧设一集中真高线,在其上量得树木和墙的高度,根据透视平面可定出各自的透视高度。图 7.14 为最终完成的平视鸟瞰图。

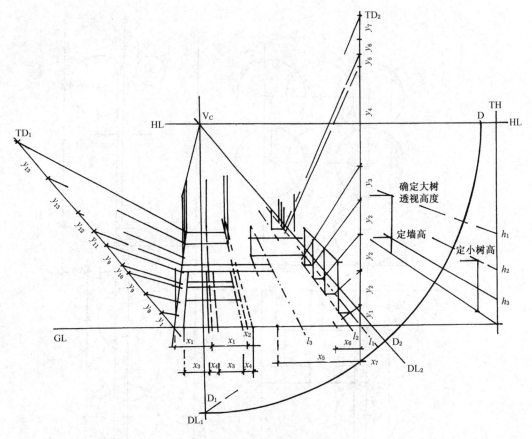

图 7.13 平视鸟瞰图作图步骤

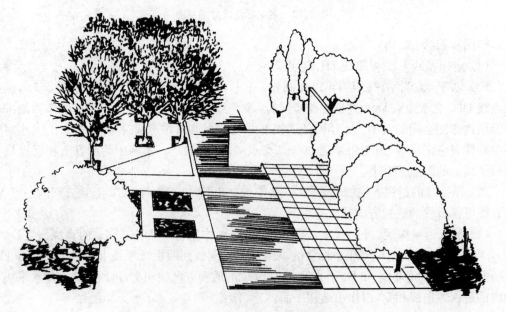

图 7.14 完成的平视鸟瞰图

2) 一点透视网格法

用网格法作鸟瞰图较方便,它特别适用于作不规则图形、曲线等的鸟瞰图。网格法有一点透视网格法和两点透视网格法之分,一点透视网格的作法步骤见图 7.15。

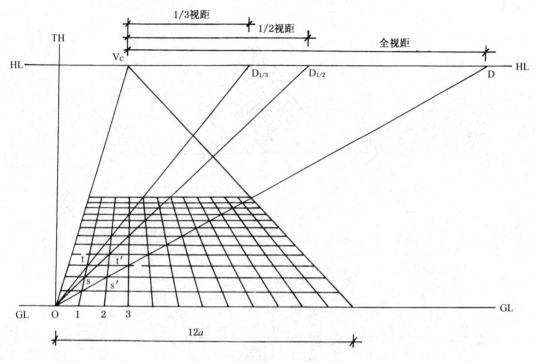

图 7.15 一点透视网格的作法

(1) 定出视平线 HL、基线 GL、心点 V_C 和点 O。

(2) 在 HL 上 V_C 一侧按视距量得距点 D,连接 OD 成直线。若距点不可达时,可选用 1/2 或 1/3 的视距的距点 $D_{1/2}$ 或 $D_{1/3}$ 代替。作法为:将 O 点与 $D_{1/2}$ 或 $D_{1/3}$ 相连,交过点 1 向 V_C 所引的直线于 s 或 t;过点 s 或 t 作水平线,过点 2 或 3 向 V_C 引直线与该水平线相交于 s' 或 t',所得交点与 O 相连即为所求 45°对角线的透视方向。

(3) 在 GL 上从 O 点开始向一侧量等边网格点,并分别从这些点向 V_C 引直线。

(4) 过上述直线与 OD 或 45°透视方向线的交点分别作水平线,即得一点透视网格。

3) 两点透视网格法

(1) 根据灭点位置的不同两点透视网格的作法应分别对待。

① 当灭点可达时,可采用图 7.16 所示的方法作两点透视网格,作法步骤为:

• 根据网格平面,分别定出灭点 F_X、F_Y,量点 M_X、M_Y,基线 GL 和视平线 HL。

• 从基线上点 O 向 F_X、F_Y 引直线,并向两侧量等边网格边 OA' 和 OB'。

• 将 OA' 和 OB' 上点分别与 M_Y 和 M_X 相连,与 OF_X 和 OF_Y 相交,所得交点与灭点 F_X 和 F_Y 相连可得两点透视网格。

② 灭点可达的两点透视网格也可利用 45°对角线的透视来作(图 7.16),作法步骤为:

• 沿 GL 上 O 点一侧量等边格网边 OA',并从其上的点向 M_Y 引直线,与 OF_Y 相交,从交点向 F_X 引直线可得 F_X 的方向线。

- 从 O 点向 $F_{45°}$（45°线灭点）作直线，交 AF_X 于点 C，得到 OC 线。
- 连接 CF_Y 并延长交 IF_X 于点 D，从 D 向 $F_{45°}$ 作直线，交 AF_X 于 E 点，可得 DE 线。
- 45°对角线的透视 OC 和 DE 与已作 F_X 方向的直线相交，所得交点与 F_Y 相连便得透视网格。

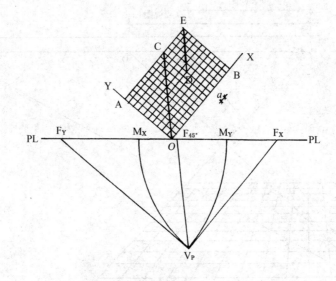

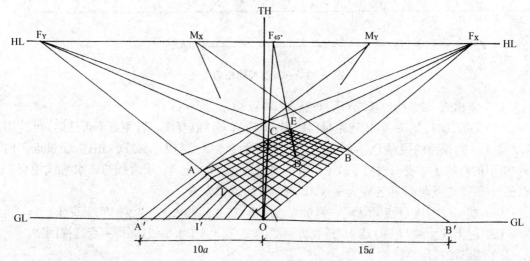

图 7.16　灭点可达时透视网格的作法

(2) 当灭点不可达时，可采用图 7.17、图 7.18 所示方法作两点透视网格，作法步骤为：

① 定出视平线 HL、基线 GL、灭点 F_X 和 F_Y（在图外）、量点 M_Y 以及点 O。

② 作直线 OF_X、OF_Y，与 GL 的平行线 f_xf_y 交于点 f_x 和 f_y，连接 OM_Y，交该平行线于点 m。

③ 作以点 1 为圆心，f_xf_y 为直径的圆。从圆心向上作垂线交圆于点 2；以 f_Y 为圆心，f_ym 为半径向下作圆弧交圆于点 3，连接点 2 和点 3 交 f_xf_y 于点 $f_{45°}$。

④ 从点 O 向 $f_{45°}$ 作直线并延长,交 HL 于点 $F_{45°}$,该点即为所求网格的 45°对角线的灭点(图 7.17)。

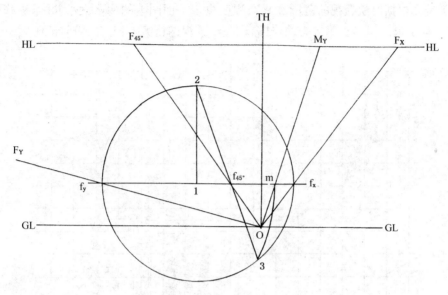

图 7.17 对角线灭点的作法

⑤ 用与前述相同的方法作 F_x 方向直线,AF_x 与 $OF_{45°}$ 交于点 G。

⑥ 作 $BF_{45°}$ 直线交 AF_x 于点 C,并与 Bf_x 和 $OF_{45°}$ 的交点 D 相连,延长交 OF_x 于点 E;从 E 向 $F_{45°}$ 作直线交 BF_x 于点 F。

⑦ 将直线 BC 和 OD、DC 和 EF 上与 F_x 方向直线的交点两两相连,可得透视网格(图 7.18)。

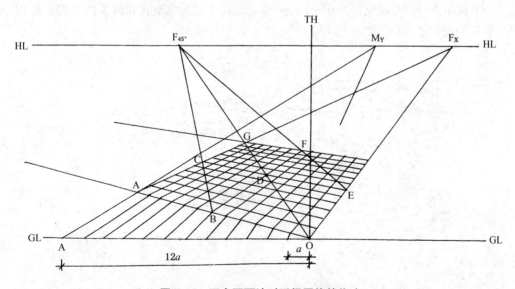

图 7.18 灭点不可达时透视网格的作法

以上介绍了透视网格画法。作鸟瞰图时也可利用现成的透视网格。具体作法见例2。

例2 用透视网格法求作图7.19所示某公园广场景区局部鸟瞰图。

作图步骤：

(1) 首先根据所绘透视的范围和复杂程度决定平面图上的网格大小，并给纵横两组网格线编上编号(图7.19)。为了方便作图，还应给透视网格编上相应的编号。

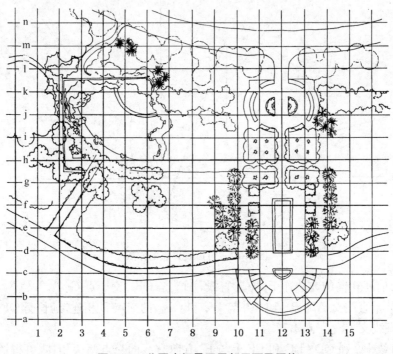

图7.19 公园广场景区局部平面及网格

(2) 利用坐标编号决定平面中道路、广场、水面、花坛等的形状和树木的位置及范围，求出广场区的透视平面(图7.20)。

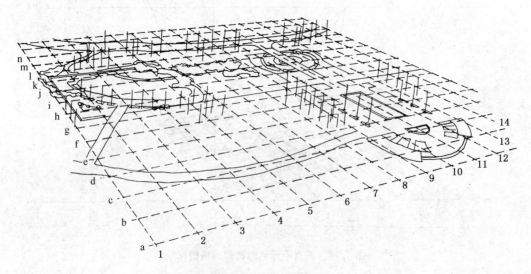

图7.20 广场透视平面

（3）利用真高线确定各设计要素的透视高度，借助网格透视线分别作出设计要素的透视。然后擦去被挡住的部分，完成广场局部鸟瞰图(图7.21)。

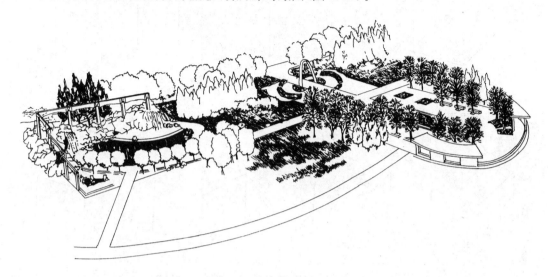

图 7.21　广场局部鸟瞰图

7.4.2　轴测图画法

1. 轴测图的特点和作用

轴测图是由平行投影产生的具有立体感的视图。园林设计中所采用的是平行投影线自园景上界面上方投影所形成的轴测图，这种轴测图形虽不符合人眼的视觉规律、缺乏视觉纵深感，但却具有清楚地反映群体关系的能力。尽管轴测图的方法很早就为人所知，但是作为一种设计的绘图和表现方法却是到了本世纪才得到广泛的应用。它具有独特而又新颖的视觉形象、相对客观和科学地展现设计内容的特点。轴测图作图简便，形成视觉形象快，反映景物实际比例关系准确，是一种有力的设计表现方法。

2. 轴测图的角度与长度的修正

为了作图方便，三轴的交角通常选用三角板和丁字尺易于组成的角度。若 OZ 和 OY 轴的交角较大时，看到立方体的顶面较少，若 OX 和 OY 轴的交角较小时，看到立方体的顶面较多。

通常绘轴测图时，长、宽、高都采用同一比例，若三轴都用同一比例尺作正立方体的轴测图，则有些角度会使图形变形，为了纠正变形而带来的图形失真现象，可将各轴的长度适当地缩短一些，下图是绘轴测图时不同角度各轴的比例(供参考)。

以正方体相互垂直的边为轴，垂直边 OZ 轴表示高度，水平边 OX 轴表示长度，OY 轴表示宽度，见图 7.22(a)。

这是最常用的轴测图的角度，它可以直接用绘图三角板的角度，并且可以按同一比例尺绘制，比例适当，不会失真，绘图方便，见图 7.22(b)。

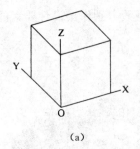
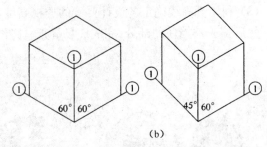

这种角度若用1:1:1的比例绘制，则 OY 轴方向会显得略宽，采用 OX:OY:OZ＝1:0.8:1 则图形逼真，参见图7.22(c)。

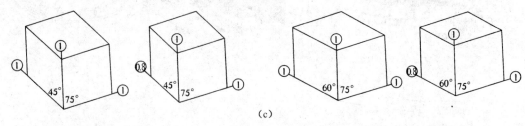

当 OX 和 OZ 轴的交角等于90°时，表明投形面与 OX、OY 轴平行，这种角度若用1:1:1的比例绘制，则 OY 轴方向会显得很宽而失真，采用 OX:OY:OZ＝1:0.6(0.5):1时图形逼真，见图7.22(d)。

当 OX 和 OY 轴的交角为90°时，这种角度若用1:1:1的比例绘制，则 OZ 轴方向会显得略高了些，采用 OX:OY:OZ＝1:1:0.8时图形逼真（图7.22(e)）。

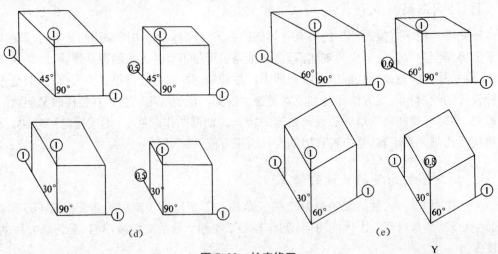

图 7.22 长度修正

3. 轴测图作法示例

轴测图(一)

已知：四坡屋面建筑型体的 H、F、S 投形（图7.23）。
求作：四坡屋面建筑型体的轴测图。
作法见图7.24：

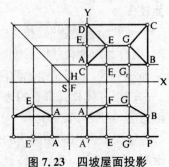

图 7.23 四坡屋面投影

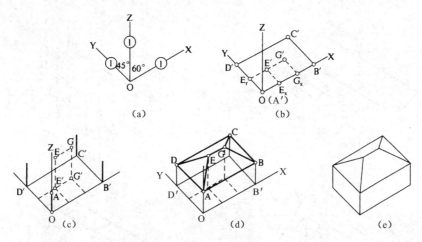

图 7.24 作图步骤

(1) 选择 OX、OY、OZ 轴的角度。OX：OY：OZ = 1：1：1。

(2) 作 H 投形（即平面）的轴测图。将 A′B′、A′D′ 与 OX、OY 轴重叠，在 OX 轴量 OEx = AEx 及 ExGx = EG、ExB′ = ExB 的长度，在 OY 轴上量 OEy = AEy，及 EyD′ = EyD 的长度，自 ExGx 作 OY 的平行线与自 Ey 作 OX 的平行线相交于 E′、G′，(即四坡屋面屋脊长度的 H 投形)，自 B′ 作 OY 的平行线与自 D′ 作 OX 的平行线相交于 C′。

(3) 自轴测平面上各线段的交点作垂线，量出 OA、E′E、G′G 的高度。

(4) 自 A 作 OX 轴的平行线与由 B′ 所作垂线自交于 B。自 A 作 OY 轴的平行线与 D′ 作垂线交于 D。自 B 和 D 各作平行于 OY 和 OX 轴的直线相交于 C，连 AE、DE、GB、CG 及 EG，即得四坡屋面的轴测轮廓线。

(5) 加深各线段，并分明线条等级。

轴测图（二）

已知：建筑型体的 H、F、S 投形（图 7.25）

求作：建筑型体的轴测图。

作法见图 7.26：

(1) 选择 OX、OY、OZ 轴的角度。OX：OY：OZ = 1：1：1。

(2) 作平面的轴测图，作法同前（略）。

(3) 作各垂直面的交线，量出檐高 AA′、JJ′，屋脊高 GG′、烟囱高 LL′。

(4) 作烟囱顶面轮廓线 作屋面轮廓线。自 A′ 作 OX 轴的平行线得 B′，自 J′ 作 OX 轴的平行线得 K′，自 G′ 作 OX 轴的平行线得 C′。自 J′ 作 OY 轴的

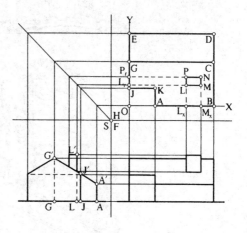

图 7.25 H、F、S 投形

平行线是 E′，自 E′ 作 OX 的平行线，得 D′，连接 J′G′、E′G、A′K′、B′C′、D′C′ 即得屋面轮廓线。

(5) 作屋面与烟囱的交线 在平面轴测图上由 Lx、Ly 作垂线、得 L″x、L″y 由 L″x 作 J′G′ 的平行线得 L″M″。L″P″ 和 L″M″ 为坡屋面与烟囱的交线。

L″P″ // J′G′，L″M″ // OX

(6) 加深各线段，并分明线条等级。

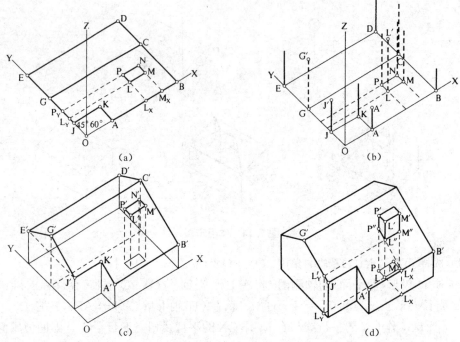

图 7.26 作图步骤

正等测图

用正等测图表示图 7.27 所示的园景。

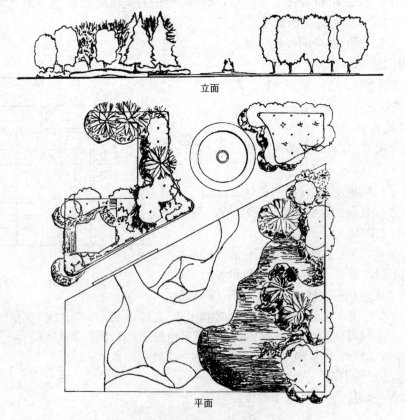

立面

平面

图 7.27 园景平、立面图

作图步骤：

（1）作正等测图的轴测图，并在其上量取相应的轴向线的尺寸(图 7.28)。

（2）在作图中较复杂的平面曲线之前，可先作网格，求出网格的轴测图，然后再作平面曲线的轴测图，自然种植的树木位置也应结合网格的轴测图来定(图 7.29)。圆的轴测图可根据与轴向线平行的菱形来作。

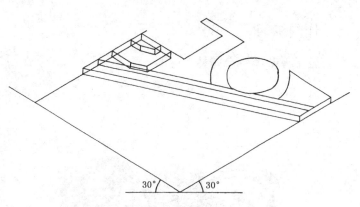

图 7.28　建立轴测轴、量取轴向直线

（3）完成所有图线并稍加表现即为要做的园景图(图 7.30)。

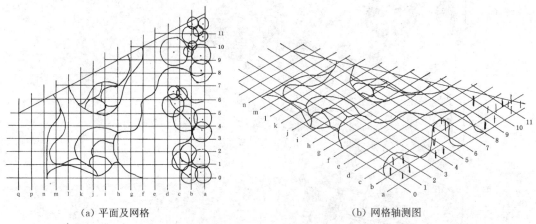

（a）平面及网格　　　　　　　（b）网格轴测图

图 7.29　复杂平面曲线的轴测图作法

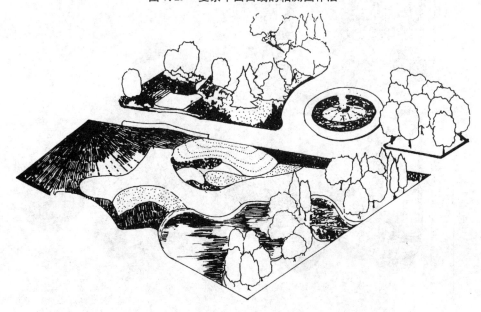

图 7.30　完成园景正等测图

作图练习

1) 临摹以下综合园林平面图。

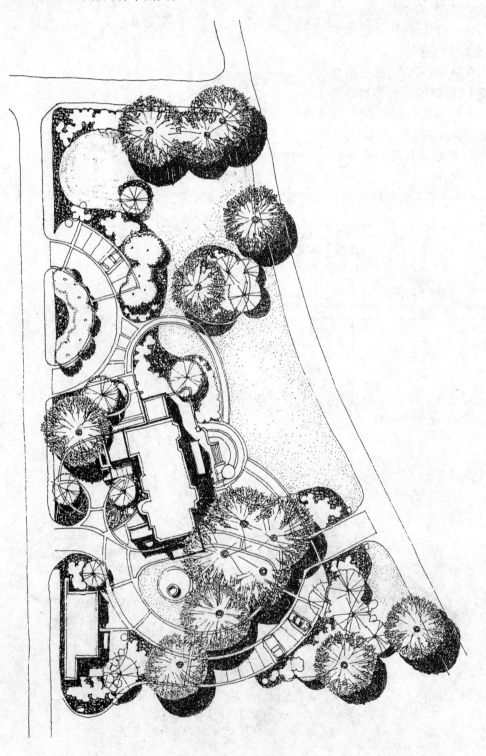

2）根据建筑的多面视图绘制出轴测图。

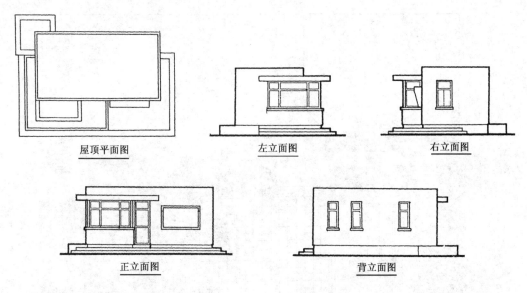

屋顶平面图　　　左立面图　　　右立面图

正立面图　　　背立面图

3）根据以下平面图绘出轴测鸟瞰图。

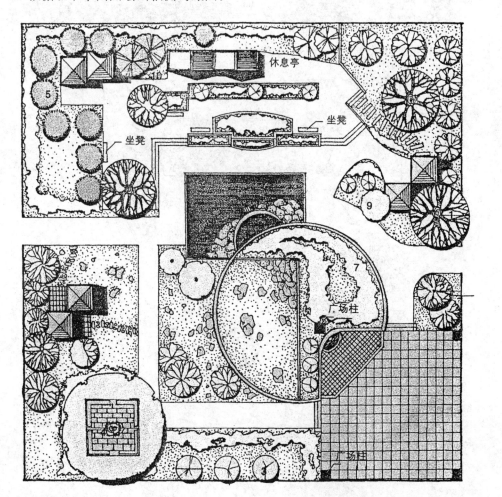

4）根据以下平面图绘出一点透视鸟瞰图。

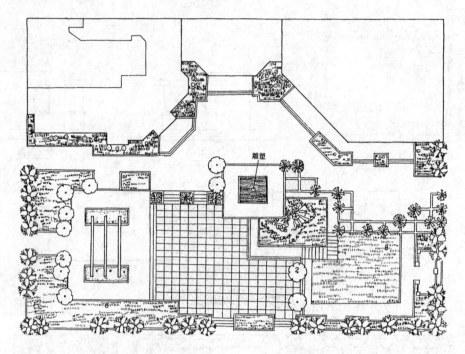

5）根据以下平面图绘出两点透视鸟瞰图。

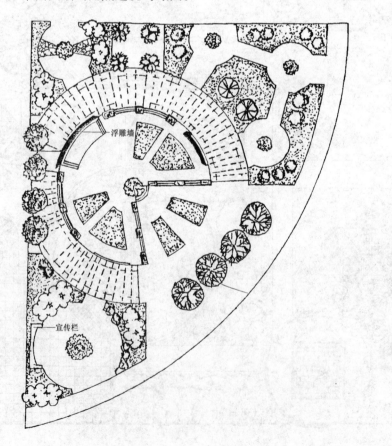

6) 根据所给平面图、立面图绘出 1-1 剖面图。

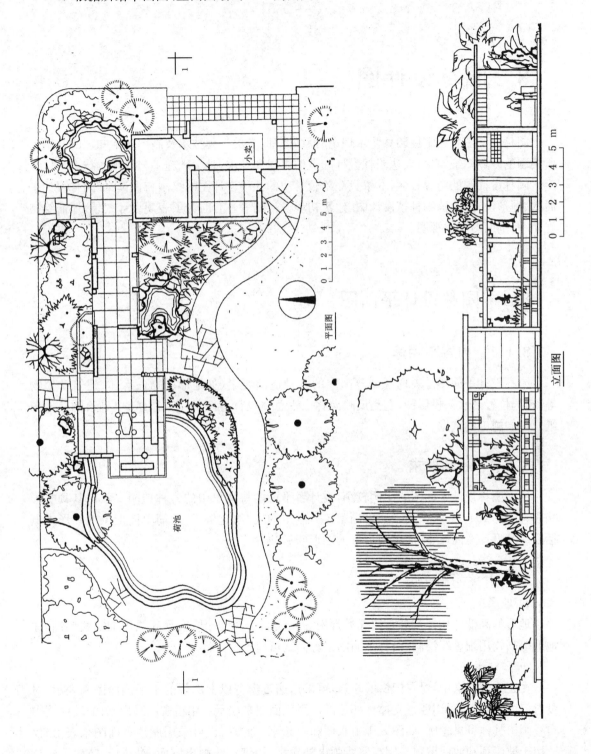

8 园林设计图

园林设计图是在掌握园林艺术理论、设计原理、有关工程技术及制图基本知识的基础上所绘制的专业图纸,它可表达园林设计人员的思想和要求,是生产施工与管理的技术文件。

园林设计图的内容较多,本章只介绍较常用的几种设计图的绘制与识读,如园林设计平面图、地形设计图、植物种植设计图、建筑初步设计图等。有时为了表现设计效果,还需绘制立面图、剖面图和透视图。

8.1 园林设计平面图

8.1.1 内容与用途

园林设计平面图是表现规划范围内的各种造园要素(如地形、山石、水体、建筑及植物等)布局位置的水平投影图,它是反映园林工程总体设计意图的主要图纸,也是绘制其他图纸及造园施工的依据。

8.1.2 绘制要求

由于园林设计平面图的比例较小,设计者不可能将构思中的各种造园要素以其真实形状表达到图纸上,而是采用一些经国家统一制定的或"约定俗成"的简单而形象的图形来概括表达其设计意图,这些简单而形象的图形叫做"图例"。

1. 园林要素表示法

1)地形

地形的高低变化及其分布情况通常用等高线表示。设计地形等高线用细实线绘制,原地形等高线用细虚线绘制,设计平面图中等高线可以不注高程。

2)园林建筑

在大比例图纸中,对有门窗的建筑,可采用通过窗台以上部位的水平剖面图来表示,对没有门窗的建筑,采用通过支撑柱部位的水平剖面图来表示。用粗实线画出断面轮廓,用中实线画出其他可见轮廓,如图 8.1 中水榭和六角亭。此外,也可采用屋顶平面图来表示(仅适用于坡屋顶和曲面屋顶),用粗实线画出外轮廓,用细实线画出屋面,对花坛、花架等建筑小品用细实线画出投景轮廓。

在小比例图纸中(1∶1 000 以上),只须用粗实线画出水平投影外轮廓线。建筑小品可不画。

3）水体

水体一般用两条线表示,外面的一条表示水体边界线(即驳岸线),用特粗实线绘制;里面的一条表示水面,用细实线绘制。

4）山石

山石均采用其水平投影轮廓线概括表示,以粗实线绘出边缘轮廓,以细实线概括绘出皴纹。

5）园路

园路用细实线画出路缘,对铺装路面也可按设计图案简略示出,如图8.1入口冰纹路。

6）植物

园林植物由于种类繁多,姿态各异,平面图中无法详尽地表达,一般采用"图例"作概括地表示,所绘图例应区分出针叶树、阔叶树、常绿树、落叶树、乔木、灌木、绿篱、花卉、草坪、水生植物等,对常绿植物在图例中应画出间距相等的细斜线表示。

绘制植物平面图图例时,要注意曲线过渡自然,图形应形象、概括。树冠的投影,要按成龄以后的树冠大小画,参考表8.1所列冠径。

表8.1 树冠直径   单位:m

树种	孤立树	高大乔木	中小乔木	常绿大乔木	锥形幼树	花灌木	绿篱
冠径	10～15	5～10	3～7	4～8	2～3	1～3	宽1～1.5

2. 编制图例说明

图例,应在图纸中适当位置画出并注明其含义。为了使图面清晰,便于阅读,对图中的建筑应予以编号,然后再注明相应的名称,如图8.1所示。

3. 标注定位尺寸或坐标网

设计平面图中定位方式有两种,一种是根据原有景物定位,标注新设计的主要景物与原有景物之间的相对距离,另一种是采用直角坐标网定位。直角坐标网有建筑坐标网和测量坐标网两种标注方式。建筑坐标网是以工程范围内的某一点为"0"点,再按一定距离画出网络,水平方向为B轴,垂直方向为A轴,便可确定网格坐标。测量坐标网是根据造园所在地的测量基准点的坐标,确定网格的坐标,水平方向为y轴,垂直方向为x轴,如图8.1所示。坐标网格用细实线绘制。

4. 绘制比例、风玫瑰图或指北针

为便于阅读,园林设计平面图中宜采用线段比例尺。风玫瑰图是根据当地多年统计的各个方向、吹风次数的平均百分数值,再按一定比例绘制而成的,图例中粗实线表示全年风频情况,虚线表示夏季风频情况,最长线段为当地主导风向。

为了更形象地表达设计意图,往往在设计平面图的基础上,根据设计者的构思再绘制出立面图、剖面图和鸟瞰图,如图8.2、8.3、8.4所示。

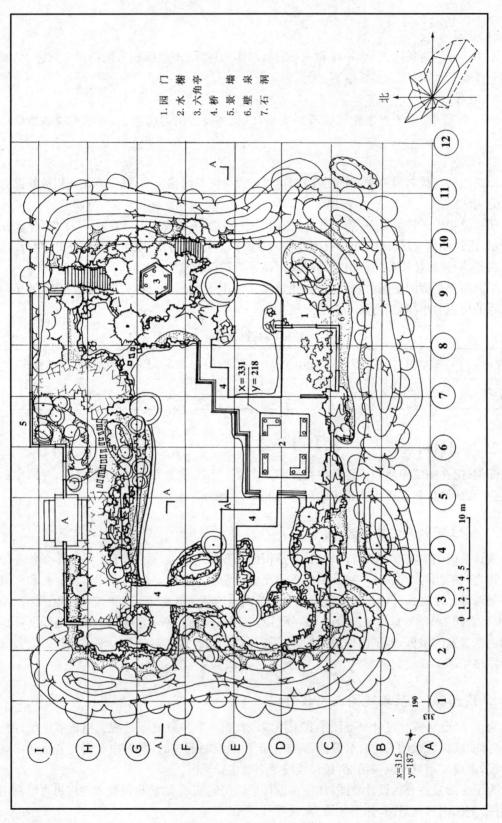

图 8.1 某游园设计平面图

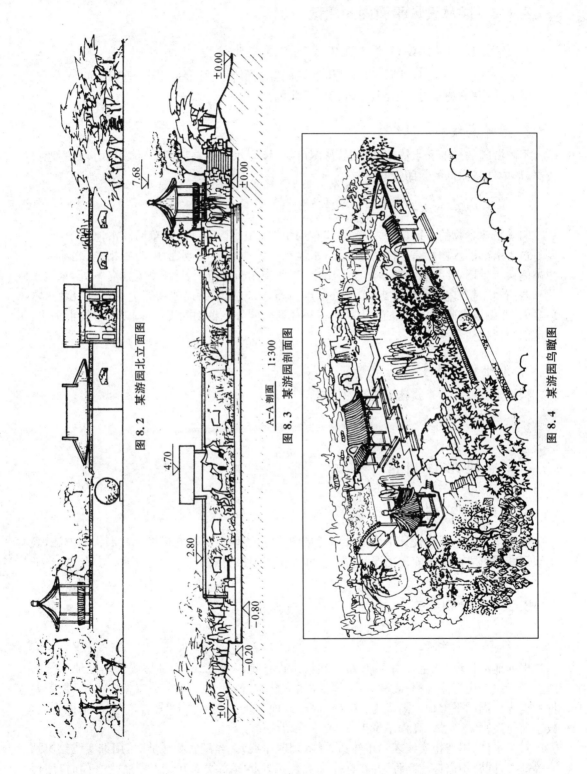

图 8.2 某游园北立面图

A-A 剖面 1:300
图 8.3 某游园剖面图

图 8.4 某游园鸟瞰图

8.1.3 园林设计平面图的阅读

1. 看图名、比例、设计说明及风玫瑰图或指北针

了解设计意图和工程性质,设计范围和朝向等。图 8.1 所示是一个东西长 50 m 左右,南北宽 35 m 左右的某处小游园,主入口位于北侧。

2. 看等高线和水位线

了解游园的地形和水体布置情况,从图可见,该园水池设在游园中部,东、南、西侧地势较高,形成外高内低的封闭空间。

3. 看图例和文字说明

明确新建景物的平面位置,了解总体布局情况。由图可见,该园布局以水池为中心,主要建筑为南部的水榭和东北部的六角亭,水池东侧设拱桥一座,水榭由曲桥相连,北部和水榭东侧设有景墙和园门,六角亭建于石山之上,西南角布置石山、壁泉和石洞各一处,水池东北和西南角布置汀步两处,桥头、驳岸处散点山石,入口处园路以冰纹路为主,点以步石,六角亭南、北侧设台阶和山石蹬道,南部布置小径通向园外。植物配置,外围以阔叶树群为主,内部点缀孤植树和灌木。

4. 看坐标或尺寸

根据坐标或尺寸查找施工放线的依据。

8.2 地形设计图

8.2.1 内容与用途

地形设计图是根据设计平面图及原地形图绘制的地形详图,它借助标注高程的方法,表示地形在竖直方向上的变化情况,它是造园时地形处理的依据。

8.2.2 绘制要求

1. 绘制等高线

根据地形设计,选定等高距,用细实线绘出设计地形等高线,用细虚线绘出原地形等高线。等高线上应标注高程,高程数字处等高线应断开,高程数字的字头应朝向山头,数字要排列整齐。周围平整地面高程为±0.00,高于地面为正,数字前"+"号省略;低于地面为负,数字前应注写"-"号。高程单位为 m,要求保留两位小数。

对于水体,用特粗实线表示水体边界线(即驳岸线)。当湖底为缓坡时,用细实线绘出湖底等高线,同时均需标注高程,并在标注高程数字处将等高线断开。当湖底为平面时,用标高符号标注湖底高程,标高符号下面应加画短横线和 45°线表示湖底,如图 8.5 所示。

2. 标注建筑、山石、道路高程

将设计平面图中的建筑、山石、道路、广场等位置按外形水平投影轮廓绘制到地形设计图中,其中建筑用中实线,山石用粗实线,广场、道路用细实线。建筑应标注室内地坪标高,以箭头指向所在位置。山石用标高符号标注最高部位的标高。道路高程,一般标注在交汇、转向、变坡处,标注位置以圆点表示,圆点上方标注高程数字。

3. 标注排水方向

根据坡度,用单箭头标注雨水排除方向,如图8.5所示。

4. 绘制方格网

为了便于施工放线,地形设计图中应设置方格网。设置时尽可能使方格某一边落在某一固定建筑设施边线上(目的是便于将方格网测设到施工现场),每一网格边长可为5 m、10 m、20 m等,按需而定,其比例与图中一致。方格网应按顺序编号,规定:横向从左向右,用阿拉伯数字编号;纵向自下而上,用英文字母编号,并按测量基准点的坐标,标注出纵横第一网格坐标。

5. 绘制比例、指北针,注写标题栏、技术要求等

6. 局部断面图

必要时,可绘制出某一剖面的断面图,以便直观地表达该剖面上竖向变化情况,如图8.5中1-1断面图所示。

8.2.3 地形设计图的阅读

1. 看图名、比例、指北针、文字说明

了解工程名称、设计内容、所处方位和设计范围。

2. 看等高线的含义

看等高线的分布及高程标注,了解地形高低变化,看水体深度及与原地形对比,了解土方工程情况。从图可见,该园水池居中,近方形,常水位为-0.20 m,池底平整,标高均匀-0.80 m。游园的东、西、南部分布坡地土丘,高度在0.6~2 m,以东北角为最高,结合原地形高程可见中部挖方量较大,东北角填方量较大。

3. 看建筑、山石和道路高程

图中六角亭置于标高2.40 m的石山之上,亭内地面标高2.70 m,为全园最高景观。水榭地面标高为0.30 m,拱桥桥面最高点为0.6 m,曲桥标高为±0.00。园内布置假山三处,高度在0.80~3.00 m,西南角假山最高。园中道路较平坦,除南部、西部部分路面略高以外,其余均为±0.00。

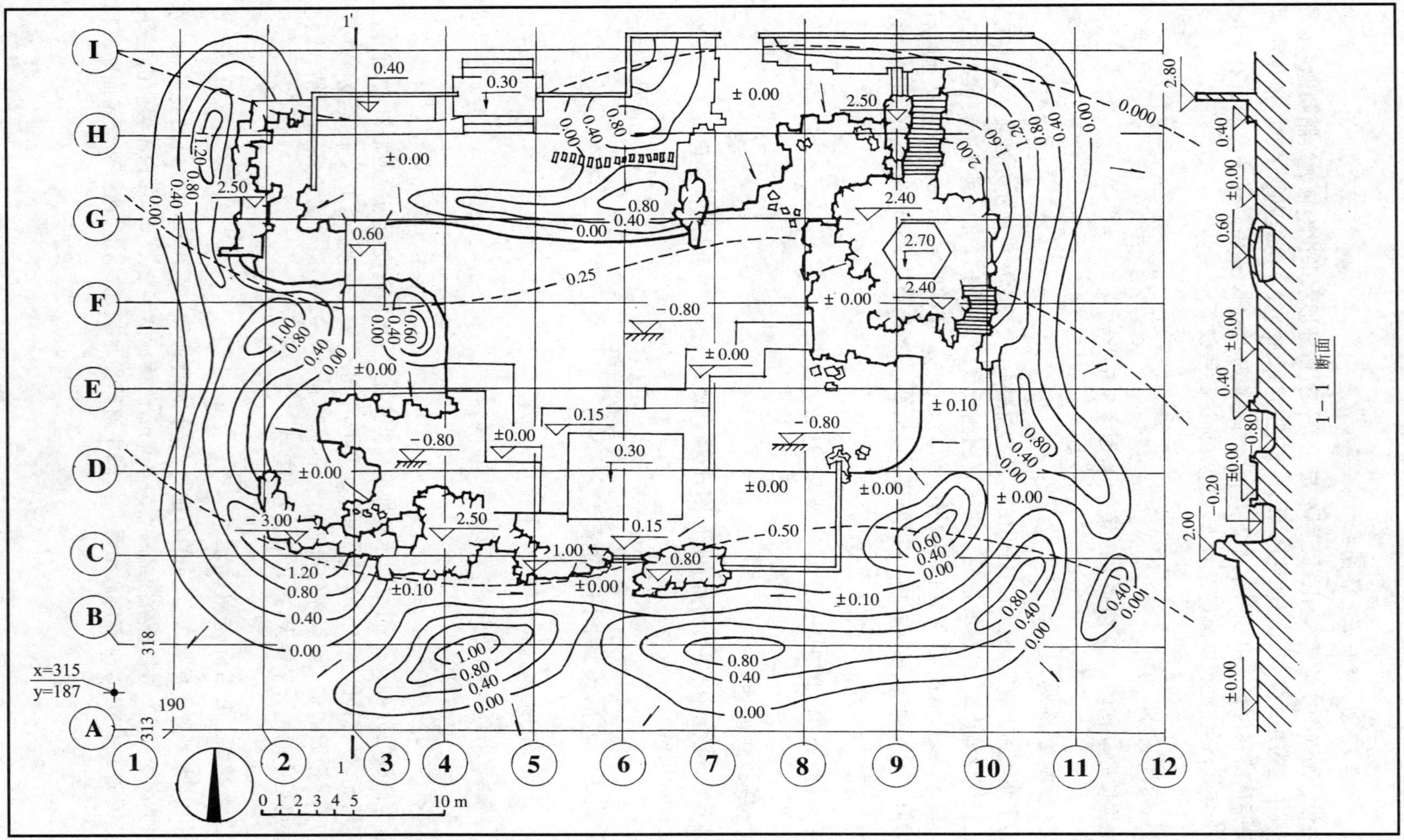

图 8.5 某游园地形设计图

4. 看排水方向

从图可见,该园利用自然坡度排出雨水,大部分雨水流入中部水池,四周流出园外。

5. 看坐标,确定施工放线依据

8.3 园林植物种植设计图

8.3.1 内容与用途

植被是构成园林的基本要素之一。

园林植物种植设计图是表示植物位置、种类、数量、规格及种植类型的平面图,是组织种植施工和养护管理、编制预算的重要依据。

8.3.2 绘制要求

1. 设计平面图

在设计平面图上,绘出建筑、水体、道路及地下管线等位置,其中水体边界用粗实线,沿水体边界线内侧用细实线表示出水面,建筑用中实线,道路用细实线,地下管道或构筑物用中虚线。

2. 自然式种植设计图

自然式种植的设计图,宜将各种植物按平面图中的图例,绘制在所设计的种植位置上,并应以圆点示出树干位置。树冠大小按成龄后冠幅绘制,参考表8.1。为了便于区别树种,计算株数,应将不同树种统一编号,标注在树冠图例内,如图8.6所示。

规则式种植的设计图,对单株或丛植的植物宜以圆点表示种植位置,对蔓生和成片种植的植物,用细实线绘出种植范围,草坪用小圆点表示,小圆点应绘得有疏有密,凡在道路、建筑物、山石、水体等边缘处应密,然后逐渐稀疏。对同一树种在可能的情况下尽量以粗实线连接起来,并用索引符号逐树种编号,索引符号用细实线绘制,圆圈的上半部注写植物编号,下半部注写数量,尽量排列整齐使图面清晰,如图8.7所示。

3. 标注定位尺寸

自然式植物种植设计图,宜用与设计平面图、地形图同样大小的坐标网确定种植位置,规则式植物种植设计图,宜相对某一原有地上物,用标注株行距的方法,确定种植位置,如图8.7所示。

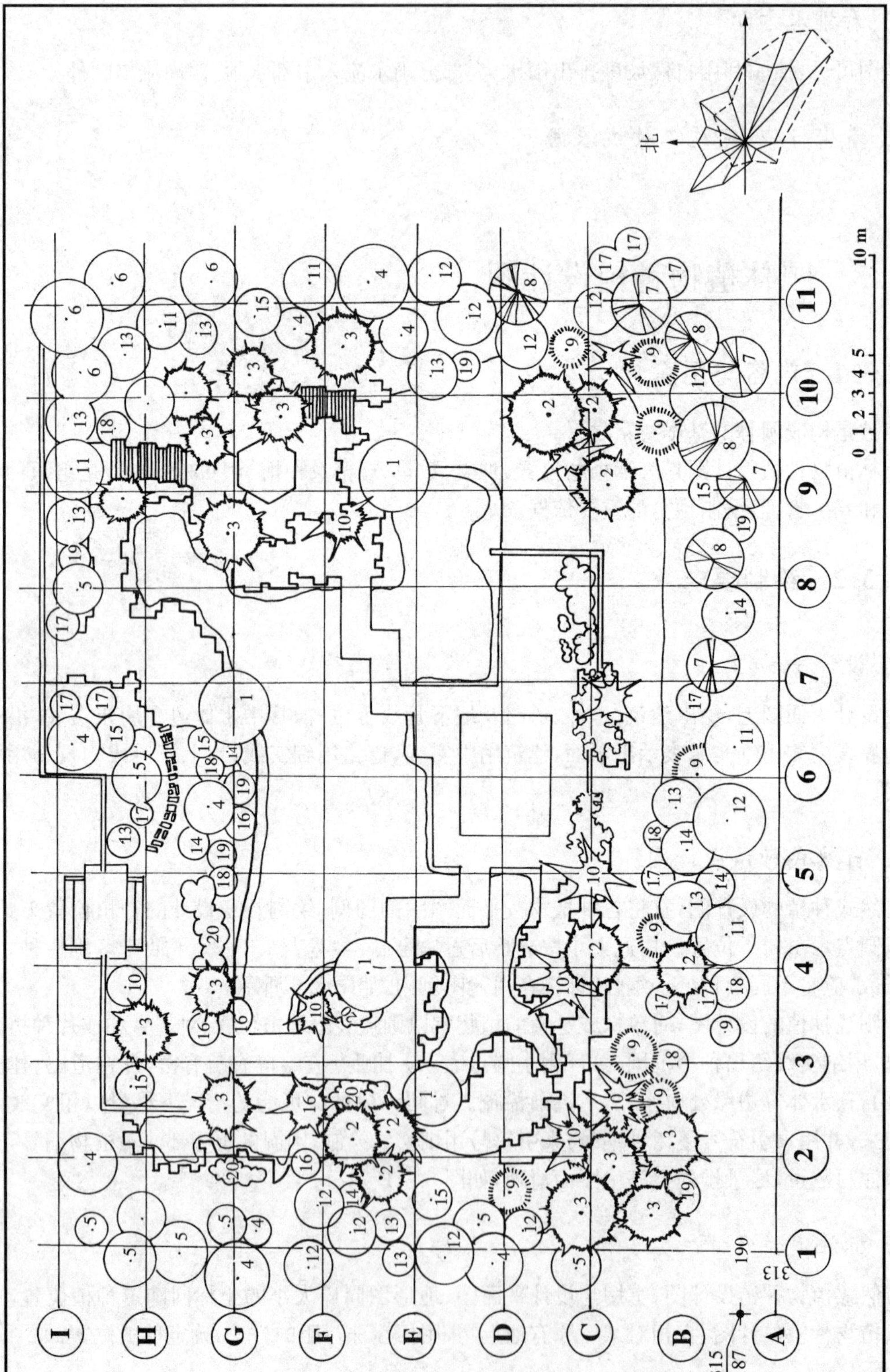

图 8.6 某游园种植设计图

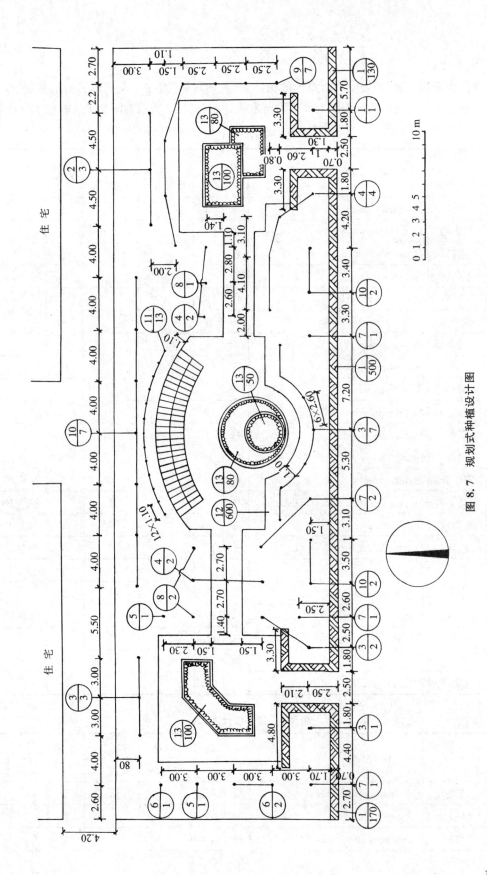

图 8.7 规划式种植设计图

4. 编制苗木统计表

在图中适当位置，列表说明所设计的植物编号、树种名称、拉丁文名称、单位、数量、规格、出圃年龄等。如表 8.2 所示为图 8.6 所附苗木统计表，表 8.3 所示为图 8.7 所附苗木统计表。

表 8.2 苗木统计表（一）

编号	树 种		单位	数量	规　格		出圃年龄	备　注
					干径/cm	高度/m		
1	垂柳	Salix babylonica	株	4	5		3	
2	白皮松	Pinus bungeana	株	8	8		8	
3	油松	Pinus tabulaeformis	株	14	8		8	
4	五角枫	Acer nono	株	9	4		4	
5	黄栌	Cotinus coggygria	株	9	4		4	
6	悬铃木	Platanus orienfalis	株	4	4		4	
7	红皮云杉	P. koraiensis	株	4	8		8	
8	冷杉	Abies hclophylla	株	4	10		10	
9	紫杉	Taxus cuspidata	株	8	6		6	
10	爬地柏	S. procumbens	株	100		1	22	每丛 10 株
11	卫矛	Euonymus alatus	株	5		1	4	
12	银杏	Ginkgo biloba	株	11	5		5	
13	紫丁香	Syringa obtata	株	100		1	3	每丛 10 株
14	暴马丁香	Syringa reticulata var. mandshurica	株	60		1	3	每丛 10 株
15	黄刺玫	Rosa xanthina	株	56		1	3	每丛 8 株
16	连翘	Forsythia suspensa	株	35		1	3	每丛 7 株
17	黄杨	Buxus sinica	株	11	3		3	
18	水腊	L. obtusifolium	株	7		1	3	
19	珍珠花	Spiraea thunbergii	株	84		1	3	每丛 12 株
20	五叶地锦	Parthemocissus quinquefolia	株	122		3	3	
21	花卉		株	60			1	
22	结缕草	Zoysia japonica	m²	200				

表 8.3 苗木统计表（二）

编号	树 种		单位	数量	规　格		出圃年龄	备　注
					干径/cm	高度/m		
1	雪柳	Fontanesia fortunei	株	1 000		1	1	
2	华山松	Pinus armandii	株	3	6		6	
3	桧柏	Juniperus chinensis	株	13	4		4	

续表 8.3

编号	树种		单位	数量	规格		出圃年龄	备注
					干径/cm	高度/m		
4	山桃	Prunus davidiana	株	9	5		5	
5	元宝枫	Acer truncatum	株	1	4		4	
6	文冠果	Xanthoceras sorbifolia	株	4	4		4	
7	连翘	Forsythia suspensa	株	5		1	3	每丛5株
8	棉带花	Weigela ftorida	株	35		1	2	每丛7株
9	榆叶梅	Prunus triloba	株	7		1	3	每丛7株
10	紫丁香	Syringa oblata	株	48		1	3	每丛8株
11	五叶地锦	Parthenocissus quinquefolia	株	13		3	2	
12	结缕草	Zoysia japonica steud	m²	600			1	
13	花卉		株	410			1	

5. 绘制种植详图

必要时按苗木统计表中编号(即图号)绘制种植详图,说明种植某一种植物时挖坑、覆土、施肥、支撑等种植施工要求,图 8.8 为图 8.6 中 8 号冷杉的种植详图。

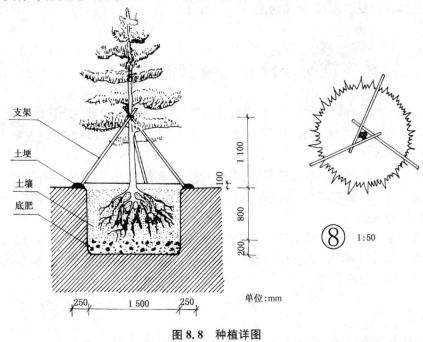

图 8.8 种植详图

6. 绘制比例、风玫瑰图或指北针,注写主要技术要求及标题栏

8.3.3 植物种植设计图的阅读

阅读植物种植设计图用以了解工程设计意图、绿化目的及其所达效果,明确种植要求,以便组织施工和作出工程预算,阅读步骤如下:

1. 看标题栏、比例、风玫瑰图或方位标

明确工程名称、所处方位和当地主导风向。

2. 看图中索引编号和苗木统计表

根据图示各植物编号,对照苗木统计表及技术说明,了解种植植物的种类、数量、苗木规格和配置方式。如图 8.6 所示,游园周围以油松、白皮松、黄栌、银杏、五角枫等针叶、阔叶乔木为主,配以黄刺玫、紫丁香等灌木。西北角种植黄栌 9 株,五角枫 9 株,以观红叶。东北、西南假山处配植油松 14 株,与山石结合显得古拙。六角亭后配植悬铃木 4 株,形成高低层次。中部沿驳岸孤植垂柳 4 株,形成垂柳入水之势。

3. 看植物种植定位尺寸

明确植物种植的位置及定点放线的基准。

4. 看种植详图

明确具体种植要求,组织种植施工(图 8.8)。

8.4 园林建筑初步设计图及其测绘

一座建筑物的设计,一般要经过初步设计、技术设计和施工设计三个阶段。初步设计图应反映出建筑物的形状、大小和周围环境等内容,用以研究造型、推敲方案。方案确定后,再进行技术设计和施工设计。

建筑初步设计图包括建筑总平面图、建筑平面图、建筑立面图、建筑剖面图和透视图。

关于建筑设计图的制图与识图,在本书第五章已详细介绍,在此不再赘述。

园林建筑的测绘

建筑测绘是在现场对建筑物进行测量,勾绘平、立、剖面草图并标注尺寸,经整理核对,最后绘制成平、立、剖面图。通过建筑测绘可以丰富设计思想、积累资料,培养徒手作图能力和提高制图技能。测绘方法为:

1. 准备工作

测绘前应准备好皮尺、钢卷尺、有刻度的标杆、图纸、垫板、铅笔和橡皮。

2. 整体安排

根据建筑物的情况确定投影图数量和比例,布置图面。

3. 确定轴线

测定轴线位置及其间距,并按顺序编号,如图8.9。

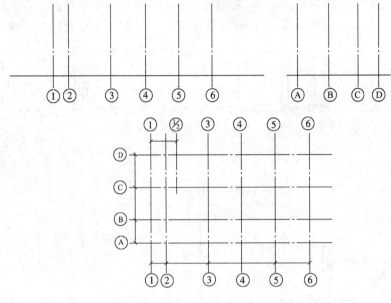

图 8.9 确定轴线

4. 测绘主体轮廓

如图 8.10 所示,在平面图中绘出墙、柱、平台的轮廓及标注总长、总宽、墙、柱尺寸等。立面图、剖面图中绘出屋顶、平台、墙、柱轮廓及屋顶、雨篷、室内外地坪标高。

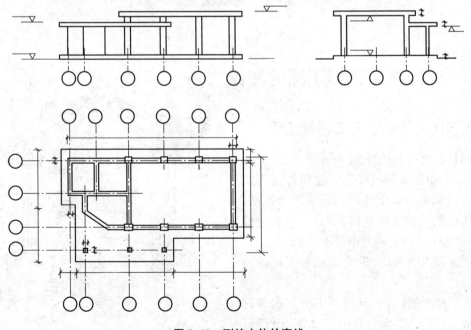

图 8.10 测绘主体轮廓线

5. 测绘建筑细部

如图 8.11 所示，平面图中绘出门窗、台阶、花池的位置及尺寸。立面图、剖面图中绘出门窗的样式及高度，台阶踏步高度等。现场测绘时应注意各视图的投影关系是否正确，所注尺寸是否齐全，如有错误和遗漏应当场纠正和弥补。为绘制正式图做好充分准备。

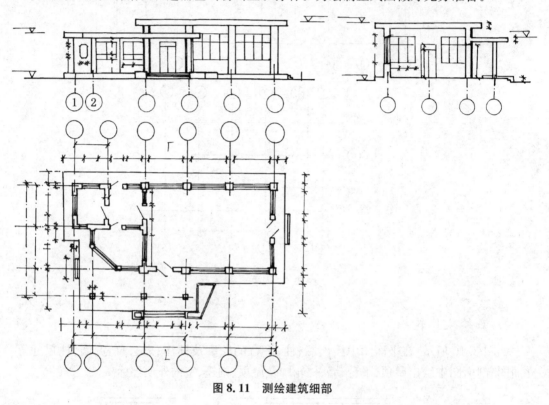

图 8.11 测绘建筑细部

8.5 园林工程施工图的阅读

8.5.1 园林建筑工程施工图

建筑施工图包括建筑平面图、建筑立面图、建筑剖面图及建筑详图。建筑施工图应反映出建筑物各部形状、构造、大小及做法，它是建筑施工的重要依据。因此，只有读懂建筑施工图，才能正确地指导施工。

下面以方亭为例，说明建筑施工图的阅读方法。

为了便于阅读，先介绍一下方亭的各部分组成。图 8.12 为方亭的立体图，由图可

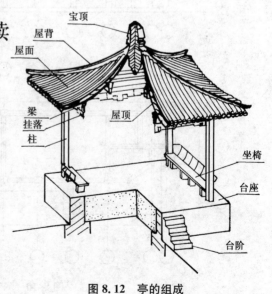

图 8.12 亭的组成

见,方亭由台座、柱、梁、屋顶及挂落、座椅、台阶组成。阅读方法如下:

1. 看平面图

从平面图中了解图名、比例及方位,明确平面形状和大小,轴间尺寸,柱的布置及断面形状,座椅的位置,台阶布置,室内地面装修等。从图8.2可见,方亭为正方形,柱中心距为4.00 m,方柱边长为0.18 m×0.18 m;台阶为4步,踏步面宽0.30 m,长1.70 m;座椅沿四周设置,地面为水磨石分色装饰;台座长、宽均为5.00 m,朝向为坐北朝南。

2. 对照平面图看立面、剖面图

明确亭的外貌形状和内部构造情况及主要部位标高。由立、剖面图(图8.13)中可见该亭为攒尖顶方亭,结构形式为钢筋混凝土结构,由柱、梁、屋顶承重。梁下饰有挂落,下部设有座椅。台座高为±0.00 m,台下地坪标高为−0.72 m,每步台阶高为0.18 m。台座为毛石砌筑,厚0.85 m,虎皮石饰面。宝顶标高为5.93 m,檐口标高为3.08 m,柱高为2.98 m。各部装修见说明。

3. 看屋面平面及屋顶仰视图

明确屋面及屋顶的形状和构造形式。由图8.13可见,屋面瓦垄上下平行排列形成曲线,屋脊位于对角线上,伸至最外端。由仰视图中可见,柱、梁的构造层次由下而上分别为柱、CL_1、CXL、CL_2、CJL(CL_1表示第一道支撑梁,CXL表示支撑斜梁,CL_2表示第二道支撑梁,CJL表示支撑角梁,CZ表示柱)。CL_1之外侧为双层假椽子,之上为屋檐。

4. 看详图

明确各细部的形状、大小及构造。

看详图时,要根据详图符号对照索引符号或剖切符号,找到所指部位,对照读图。

由1-1剖面详图中可见,攒尖角梁为钢筋混凝土结构,纵向为曲线形状,由水平和垂直坐标控制;上端高0.08 m,下端高0.17 m,由上而下逐渐增高,宽0.12 m(见翘角详图),上端标高为5.03 m,下端标高为3.31 m。同时,屋面板及屋脊的形状、尺寸亦可随之确定。角梁与宝顶的相对位置如图所示。

由图2-2剖面详图可见,屋面板为钢筋混凝土结构,断面呈曲线形状,由水平和垂直坐标控制;上边标高为5.03 m,厚为0.05 m,下边标高为3.08 m,厚为0.10 m,由上而下逐渐加厚。

由1号详图可见,宝顶上部为方棱锥形,下部呈圆柱形,其上饰有环形花纹,露出屋面高度为0.90 m,其余在屋面以下。

从图中的第3号详图可见屋檐立面的构造及做法,由上而下为瓦垄、滴水、屋面板、假椽子。滴水轮廓为曲线,尺寸如大样所示。

2号详图,表示了翘角形状以及角梁、屋面、屋脊的构造和尺寸。

4号详图,表示了挂落的形状和尺寸,挂落材料为30 mm×30 mm空腹方钢焊接而成。

由5号详图可见,座椅设于两柱之间,座板宽0.36 m,厚0.06 m,座板与靠背之间用间距为0.08 m的ϕ12圆钢连接,座板由板柱支承,间距如图所示。靠背用直径60 mm钢管制做,与柱连接。座板高0.40 m,靠背高0.90 m。

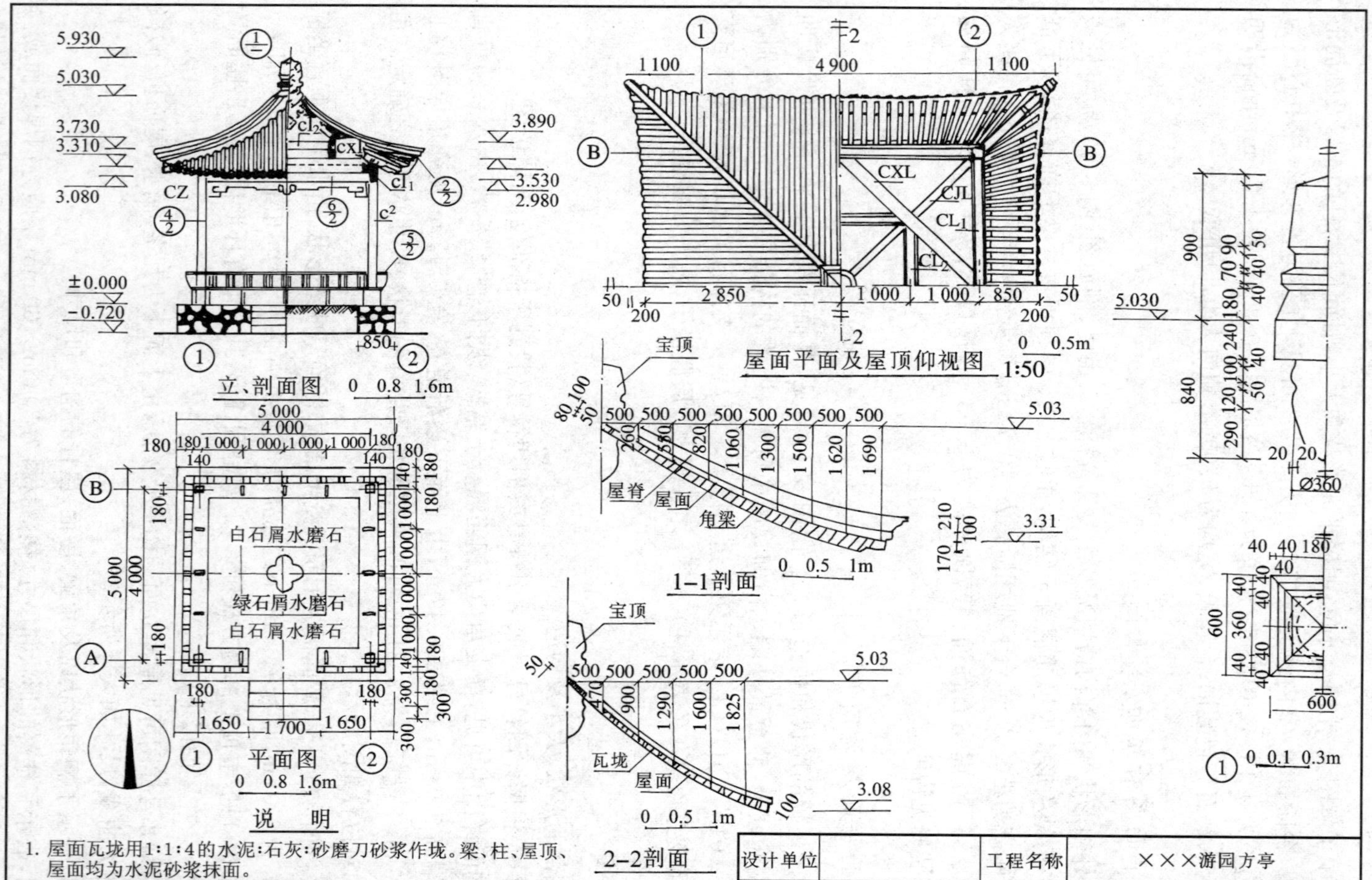

说　明

1. 屋面瓦垅用1:1:4的水泥:石灰:砂磨刀砂浆作垅。梁、柱、屋顶、屋面均为水泥砂浆抹面。
2. 梁、柱、屋顶、檐口均刷乳白色涂料。滴水以上至宝顶刷深红色涂料。
3. 挂落刷防锈漆一遍，深红色调合漆两遍。坐椅靠背刷防锈漆一遍，豆绿调合漆两遍。
4. 挂落、坐椅与梁、柱的连接均用预埋件焊接。台阶为混凝土、水泥砂浆抹面。

设计单位		工程名称	×××游园方亭		
负责人		平、立、剖及宝顶详图		设计号	89012
审　核				图　别	建 施
设　计				图　号	1
制　图				日　期	1999.7

图 8.13　建筑工程施工图(一)

6号是CL_1梁垫板详图,从图可见,垫板分别设置在CL_1梁的两侧,厚度自梁上部圆心算起0.09～0.26 m,逐渐向两侧加厚,并做成向外的斜面,呈内高外低,斜面高0.05 m。从图中还可看到,CL_1梁由下部矩形和上部圆形组成,尺寸如图所示(设置垫板的目的是控制屋面按设计曲线向两侧逐渐翘起)。

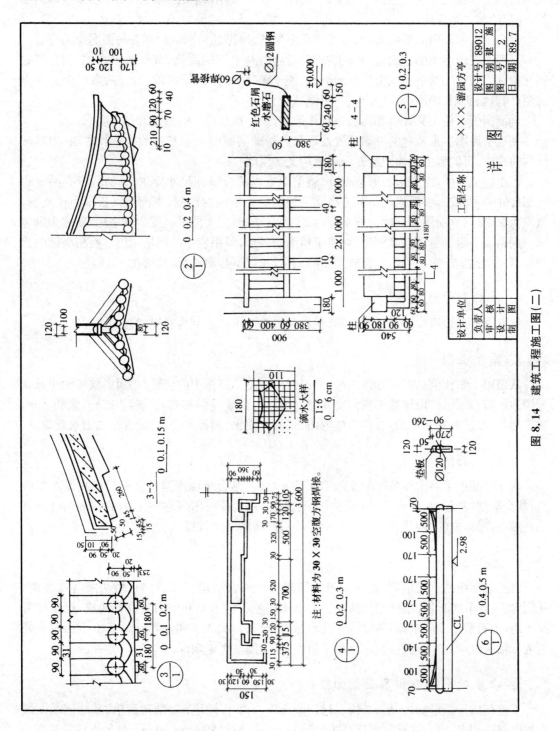

图8.14 建筑工程施工图(二)

8.5.2 假山工程施工图

假山根据使用材料不同,分为土山和石山,本例为石山。

假山工程施工图主要包括平面图、立面图、剖(断)面图、基础平面图,对于要求较高的细部,还应绘制详图说明。

平面图表示假山的平面布置、各部的平面形状、周围地形和假山在总平面图中的位置。

立面图表现山体的立面造型及主要部位高度,与平面图配合,可反映出峰、峦、洞、壑的相互位置。为了完整地表现山体各面形态,便于施工,一般应绘出前、后、左、右四个方向立面图(因篇幅所限,例图中只绘出正立面图)。

剖面图表示假山某处内部构造及结构形式,断面形状,材料、做法和施工要求。

基础平面图表示基础的平面位置及形状。基础剖面图表示基础的构造和做法,当基础结构简单时,可同假山剖面图绘在一起或用文字说明。

假山施工图中,由于山石形态奇特,施工中难以符合设计尺寸要求。因此,没有必要将各部尺寸一一标注,一般采用坐标方格网法控制。方格网的绘制,平面图以长度为横坐标,宽度为纵坐标;立面图以长度为横坐标,高度为纵坐标;剖面图以宽度为横坐标,高度为纵坐标。网格大小根据所需精度而定,对要求精细的局部,可用较小的网格示出。网格坐标的比例应与图中比例一致。假山工程施工图的阅读,按以下步骤进行(参阅图 8.15)。

1. 看标题栏及说明

从标题栏及说明中了解工程名称、材料和技术要求。本例为驳岸式假山工程。

2. 看平面图

从图中了解比例、方位、轴线编号,明确假山在总平面图中的位置、平面形状和大小及其周围地形等。图示该山体处于横向轴线⑫⑬与纵向轴线ⓒ的相交处,长约 16 m,宽约 6 m,狭长形,中部设有瀑布和洞穴,前后散置山石,倚山面水,曲折多变,形成自然式山水景观。

3. 看立面图

从立面图中了解山体各部的立面形状及其高度,结合平面图辨析其前后层次及布局特点,领会造型特征。从图可见,假山主峰位于中部,高为 6 m,位于主峰右侧的 4 m 高处设有二迭瀑布,瀑布右侧置有洞穴及谷壑,形成动、奇、幽的景观效果。

4. 看剖面图

对照平面图的剖切位置、轴线编号,了解断面形状、结构形式、材料、做法及各部高度。从图可见,1-1 剖面是过瀑布剖切的,假山山体由毛石挡土墙和房山石叠置而成,挡土墙背靠土山,山石假山面临水体,两级瀑布跌水标高分别为 3.80 m 和 2.30 m。2-2 剖面取自较宽的⑬轴附近,谷壑前散置山石,增加了前后层次,使其更加幽深。

5. 看基础平面图和基础剖面图

了解基础平面形状、大小、结构、材料、做法等。由于本例基础结构简单,基础剖面图绘在假山剖面图中,毛石基础底部标高为 −1.50 m,顶部标高为 −0.30 m。具体做法见说明。

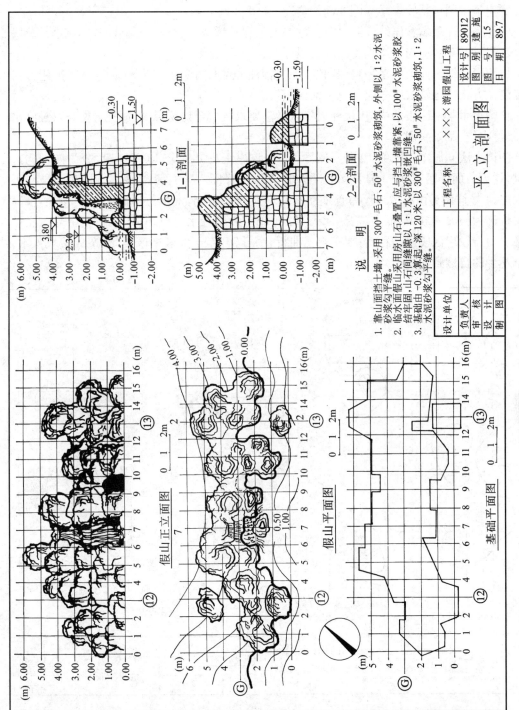

图8.15 假山工程施工图

8.5.3 驳岸工程施工图

驳岸施工图包括驳岸平面图及断面详图。

驳岸平面图表示驳岸线(即水体边界线)的位置及形状。对构造不同的驳岸应进行分段(分段线为细实线,应与驳岸垂直),并逐段标注详图索引符号。

由于驳岸线平面形状多为自然曲线,无法标注各部尺寸,为了便于施工,一般采用方格网控制。方格网的轴线编号应与总平面图相符。

详图表示某一区段的构造、尺寸、材料、做法要求及主要部位标高(岸顶、常水位、最高水位、最低水位、基础底面)。

阅读方法同假山工程施工图,参阅图 8.16,该岸工程共划分 13 个区段,分为四种构造类型,详见断面详图,其中 1 号详图为毛石驳岸、2 号详图为条石驳岸、3 号详图为土坡与山石驳岸,4 号详图为山石驳岸。岸顶地面标高均为 −0.10 m,常水位标高为 −0.50 m,最高水位标高为 −0.30 m,最低水位标高为 −0.90 m。驳岸背水一侧填砂,以防驳岸受冻胀被破坏。山石驳岸区段,景石布置要求自然曲折,高低错落,土坡驳岸区段,要造成缓坡入水,水草丛生的自然野趣。

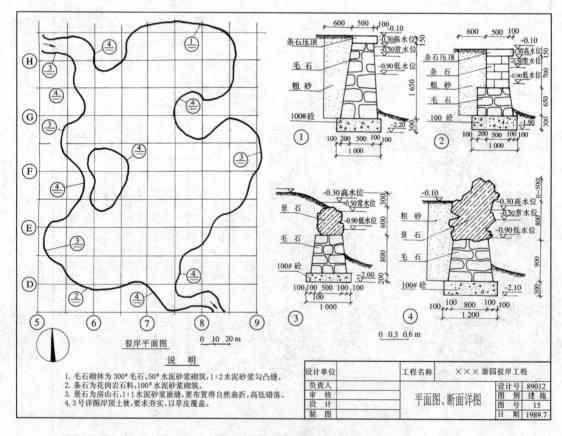

图 8.16 驳岸工程施工图

8.5.4　园路工程施工图

园路施工图主要包括平面图、纵断面图和横断面图。

平面图主要表示园路的平面布置情况。内容包括园路所在范围内的地形及建筑设施,路面宽度与高程。对于结构不同的路段,应以细虚线分界,虚线应垂直于园路的纵向轴线,并在各段标注横断面详图索引符号。为了便于施工,园路平面图采用坐标方格网控制园路的平面形状,其轴线编号应与总平面图相符,以表示它在总平面图中的位置。

纵断面图是假设用铅垂切平面沿园路中心轴线剖切,然后将所得断面图展开而成的立面图,它表示某一区段园路的起伏变化情况。为了满足游览和园务工作的需要,对有特殊要求的或路面起伏较大的园路,应绘制纵断面图。

绘制纵断面图时,由于路线的高差比路线的长度要小得多,如果用相同比例绘制,就很难将路线的高差表示清楚,因此路线的长度和高差一般采用不同比例绘制。

纵断面图的内容包括:

1) 地面线

是道路中心线所在处,原地面高程的连接线,用细实线表示。

2) 设计线

道路的路基纵向设计高程的连接线,用粗实线表示。

3) 竖曲线

当设计线纵坡变更处的两相邻坡度之差的绝对值超过一定数值时,在变坡处应设置竖向圆弧,来连接两相邻的纵坡,该圆弧称为竖曲线。竖曲线分为凸形竖曲线和凹形竖曲线。如图 8.17 道路纵断面图中的 7 号点处和越过 12 号点 10 m 处,分别设置了凹形竖曲线。其中字母 R 表示竖曲线的半径,T 表示切线长(变坡点至切点间距离),E 表示外距长(变坡点至曲线的距离),单位一律为 m。

4) 资料表

资料表的内容主要包括区段和变坡点的位置、原地面高程、设计高程、坡度和坡长等内容。

对于自然式园路,平面曲线复杂,交点和曲线半径都难以确定,不便单独绘制平曲线,其平面形状可由平面图中方格网控制。

横断面图是假设用铅垂切平面垂直园路中心轴线剖切而形成的断面图。一般与局部平面图配合,表示园路的断面形状、尺寸、各层材料、做法、施工要求,路面布置形式及艺术效果。

为了便于施工,对具有艺术性的铺装图案,应绘制平面大样板,并标注尺寸。

园路工程施工图的阅读方法与步骤同假山、驳岸工程施工图,不再详述,可参阅图 8.17。该图为某公园局部园路的工程施工图,平面布置形式为自然式,外围环路宽 2.5 m,混凝土路面;环路以内自然布置游步道,宽为 1.5 m,乱石路面,具体做法见断面图所示。

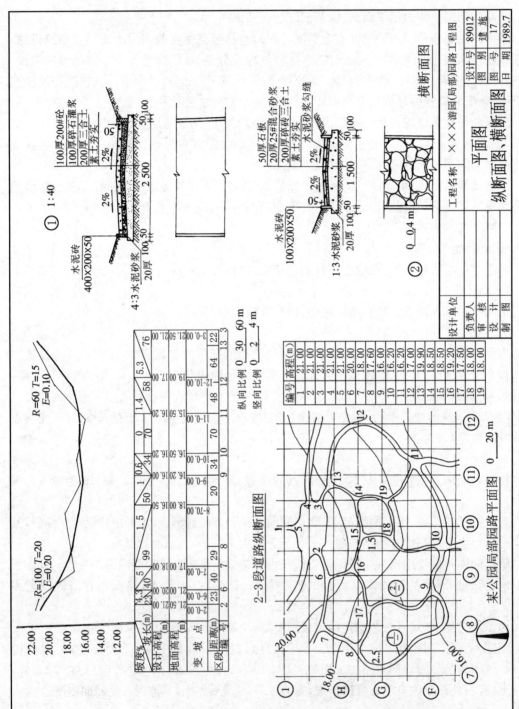

图 8.17 园路工程施工图

思考与练习

1) 根据下面给出的平立面图,绘出 A-A 剖面图。

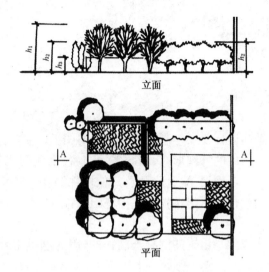

2) 根据下面给出的种植设计平面图,绘出该地块的种植平面图并列出苗木表。

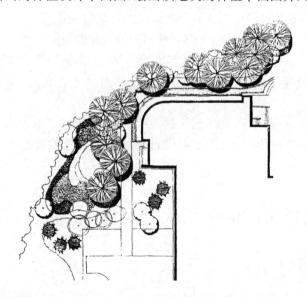

3) 为了直观反映出园林道路、广场的结构以及做法,在园路广场施工图中通常需要做剖面图,剖面图的内容包括哪些?

9 结构施工图

9.1 概 述

结构施工图是按照结构设计要求绘制的指导施工的图纸。

建筑施工图已表达了房屋的外观形式、内部平面布置、剖面构造和内外装修等内容,而建筑的各承重构件(如基础、承重墙、梁、板、柱及其他构件等)的布置、结构构造等内容都没有表达出来。结构施工图就是表达建筑物承重构件的布置、形状、大小、材料、构造及其相互关系的图样。

目前广泛使用的承重构件是由钢筋混凝土制作的,因此这里主要阐述钢筋混凝土构件的布置图和结构详图。

结构施工图主要用来作为施工放线、开挖基槽、支模板、绑扎钢筋、设置预埋件、浇捣混凝土和安装梁、板、柱等构件及编制预算与施工组织计划等的依据。

结构施工图一般有基础图、结构平面布置图和结构详图等。

结构施工图与建筑施工图表达的内容虽然不同,但对同一套图纸来说,它们反映的是同一幢建筑物的内容。因此,它们的定位轴线,平面尺寸和立面、剖面尺寸等必须完全相符。

绘制结构施工图,必须符合《房屋建筑制图统一标准》(GB/T 50001—2001)、《建筑结构制图标准》(GB/T 50105—2001)及国家现行的有关标准、规范的规定。

9.2 结构施工图的常用代号及图例

9.2.1 常用构件代号

在结构施工图中,各种承重构件要用代号表示。常用构件的代号见表9.1。

9.2.2 常用钢筋代号及标注

钢筋按其强度和品种分成不同的种类,并分别用不同的直径符号表示[根据《混凝土结构设计规范》(GB50010—2002)中的4.2钢筋表4.2.2-1],见表9.1,表9.2。

表 9.1 常用构件代号

序号	名称	代号	序号	名称	代号	序号	名称	代号
1	板	B	19	圈梁	QL	37	承台	CT
2	屋面板	WB	20	过梁	GL	38	设备基础	SJ
3	空心板	KB	21	连系梁	LL	39	桩	ZH
4	槽形板	CB	22	基础梁	JL	40	挡土墙	DQ
5	折板	ZB	23	楼梯梁	TL	41	地沟	DG
6	密肋板	MB	24	框架梁	KL	42	柱间支撑	ZC
7	楼梯板	TB	25	框支梁	KZL	43	垂直支撑	CC
8	盖板或沟盖板	GB	26	屋面框架梁	WKL	44	水平支撑	SC
9	挡雨板或檐口板	YB	27	檩条	LT	45	梯	T
10	吊车安全走道板	DB	28	屋架	WJ	46	雨篷	YP
11	墙板	QB	29	托架	TJ	47	阳台	YT
12	天沟板	TGB	30	天窗架	CJ	48	梁垫	LD
13	梁	L	31	框架	KJ	49	预埋件	M—
14	屋面梁	WL	32	刚架	GJ	50	天窗端壁	TD
15	吊车梁	DL	33	支架	ZJ	51	钢筋网	W
16	单轨吊车梁	DDL	34	柱	Z	52	钢筋骨架	G
17	轨道连接	DGL	35	框架柱	KZ	53	基础	J
18	车挡	CD	36	构造柱	GZ	54	暗柱	AZ

注:1. 预制钢筋混凝土构件、现浇钢筋混凝土构件、钢构件和木构件,一般可直接采用本附录中的构件代号。在绘图中,当需要区别上述构件的材料种类时,可在构件代号前加注材料代号,并在图纸中加以说明。
2. 预应力钢筋混凝土构件代号,应在构件代号前加注"Y—"如 Y—DL 表示预应力钢筋混凝土吊车梁。

表 9.2 普通钢筋强度标准值

种类		符号	d(mm)	f_{yk}(N/mm²)
热轧钢筋	HPB235(Q235)	Φ	8~20	235
	HRB335(20MnSi)	Φ	6~50	335
	HRB400(20MnSiV、20MnSiNb、20MnTi)	Φ	6~50	400
	RRB400(K20MMnSi)	ΦR	8~40	400

钢筋的直径、根数或相邻钢筋中心距一般采用引出线方式标注,其尺寸标注有两种形式:

1. 标注钢筋的根数和直径(图 9.1)

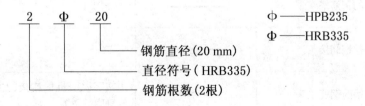

图 9.1 钢筋标注示意(一)

2. 标注钢筋的直径和相邻钢筋中心距(图 9.2)

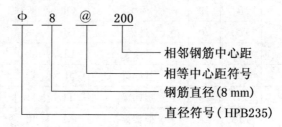

图 9.2 钢筋标注示意(二)

9.2.3 常见钢筋图例

在结构施工图中,钢筋的图线用粗实线画出,在断面图中钢筋用小圆点涂黑表示,其余的图线用中实线或细实线画出。

为表示出钢筋端部形状、两根钢筋搭接情况及钢筋的配置,钢筋在施工图中一般采用表9.3、表9.4中的图例来表示。

表 9.3 一般钢筋

序号	名 称	图 例	说 明
1	钢筋横断面	●	
2	无弯钩的钢筋端部		下图表示长、短钢筋投影重叠时,短钢筋的端部用45°斜划线表示
3	带半圆形弯钩的钢筋端部		
4	带直钩的钢筋端部		
5	带丝扣的钢筋端部		
6	无弯钩的钢筋搭接		
7	带半圆弯钩的钢筋搭接		
8	带直钩的钢筋搭接		
9	花篮螺丝钢筋接头		
10	机械连接的钢筋接头		用文字说明机械连接的方式(或冷挤压或锥螺纹等)

表9.4 钢筋画法

序号	说　明	图　例
1	在结构平面图中配置双层钢筋时,底层钢筋的弯钩应向上或向左,顶层钢筋的弯钩则向下或向右	（底层）　（顶层）
2	钢筋混凝土墙体配双层钢筋时,在配筋立面图中,远面钢筋的弯钩应向上或向左,而近面钢筋的弯钩向下或向右（JM:近面;YM:远面）	
3	若在断面图中不能表达清楚的钢筋布置,应在断面图外面增加钢筋大样图(如:钢筋混凝土墙、楼梯等)	
4	图中所表示的箍筋、环筋等若布置复杂时,可加画钢筋大样及说明	或
5	每组相同的钢筋、箍筋或环筋,可用一根粗实线表示,同时用一两端带斜短划线的横穿细线,表示其余钢筋的起止范围	

9.3 基础图

9.3.1 基础的有关概念

基础是在建筑物地面以下承受全部荷载的构件。常用的形式有条形基础和单独基础（见图9.3）。

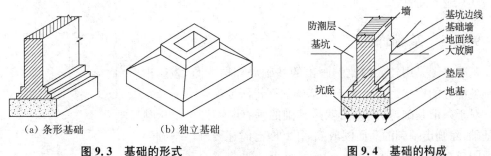

(a) 条形基础　　(b) 独立基础

图9.3 基础的形式　　图9.4 基础的构成

以墙基础为例（见图9.2），基础底下的天然的或经过加固的土壤叫地基。基坑（基槽）是为基础施工而在地面开挖的土坑。坑底就是基础的底面。基坑边线就是放线的灰线。埋置深度是从±0.000到基础底面的深度。埋入地下的墙叫做基础墙。基础墙与垫层之间做成阶梯形的砌体,叫做大放脚。防潮层是防止地下水对墙体侵蚀的一层防潮材料。

基础图就是表示建筑物相对标高±0.000以下基础部分的平面布置、类型和详细构造的图样。基础图通常包括基础平面图、基础详图和说明三部分,它是施工时在基地上放灰线、开挖基坑和砌筑基础的依据。

基础的形式是根据地基承载能力、建筑物上部结构形式,通过计算、设计确定的。

9.3.2 基础平面图

基础平面图是表示基础施工完成后,基槽未回填土时基础平面布置的图样。它是采用剖切在相对标高±0.000下方的一个水平剖面图来表示的。

在基础平面图中,只要求画出基础墙、柱及它们基础底面的轮廓线。基础细部的轮廓线都省略不画,它们将具体反映在基础详图中。

基础墙和柱是剖切到的轮廓线,应画成粗实线。基础底的轮廓线是投影到的可见轮廓线,应画成细实线。如有基础梁,则用粗实线表示出它的中心位置。

由于基础平面图通常采用1:100的比例绘制,故材料图例表示方法与建筑平面图相同。

基础平面图应标出与建筑平面图相一致的定位轴线编号和轴线尺寸。基础平面图中标注的尺寸主要是标出基础底面的尺寸。

不同类型的基础、柱应用代号J1、J2、Z1、Z2等形式表示。本例中的条形基础不用基础编号表示,而直接用基础详图剖切位置线和注上1-1、2-2等来区别。

9.3.3 基础平面图的主要内容

基础平面图主要有以下内容:
(1) 图名、比例;
(2) 定位轴线及其编号、轴线尺寸(必须与建筑平面图中的轴线一致);
(3) 基础的平面布置,即基础墙、柱、基础底面的形状、大小及其与轴线的关系;
(4) 基础梁的布置和代号;
(5) 基础编号、基础断面图的剖切位置线及其编号;
(6) 施工说明等。

9.3.4 基础详图

基础详图是用较大的比例画出的基础局部构造图,表达出基础各部分的形状、大小、构造及基础的埋置深度。

对于条形基础,基础详图就是基础的垂直断面图。至于独立基础,除画出基础的断面图或剖面图外,有时还要画出基础的平面图或立面图。

图9.5是基础断面详图。它的基础由垫层、大放脚、基础墙和基础圈梁组成。从图中可以看出,垫层是素混凝土,宽850 mm,高250 mm。大放脚砌成踏步形断面。基础墙上部与墙身相接,为加

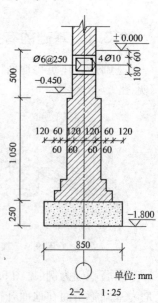

图9.5 条形砖基础断面详图

强基础整体承载能力,在±0.000以下60 mm处设置基础圈梁,基础圈梁同时也起了防潮层的作用。图中标注了基础底部、室外地面、室内地面的标高及必要的尺寸。

图9.6是钢筋混凝土条形基础详图。该基础详图适用于断面形状和配筋形式类似的各条形基础,因此只画出一个通用断面图,再附上表9.5中列出的基础底面宽度B和基础受力筋,就能把各个条形基础的形状、大小、构造和配筋表达清楚了。例如对于4-4基础断面,按序号4查表可知基础底面宽度为2 400 mm,高为250 mm,主筋(受力筋)应配置Φ16@170。

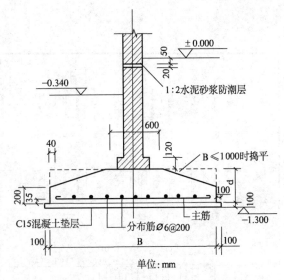

图9.6 钢筋混凝土条形基础详图

表9.5 条形基础附表

序号	基础宽B	d	主筋(受力筋)
1	600	250	Φ6@200
2	2 000	250	Φ14@200
3	2 200	250	Φ14@160
4	2 400	250	Φ16@170
5	4 000	450	Φ16@110

图9.7是柱基础的详图。从图中可以看出,基础底面是1 800 mm×1 800 mm的正方形,底部设100 mm厚的素混凝土垫层。柱基为钢筋混凝土,纵横双向都配置Φ12@170钢筋。在柱基内预放钢筋4Φ16(俗称插铁),以便于柱内钢筋搭接。搭接处设在±0.000上,搭接长度为600 mm。在搭接区内箍筋Φ10@100,柱内箍筋Φ10@200。按规定在基础高度范围内布置两道箍筋。

9.3.5 基础详图的主要内容

基础详图的主要内容如下:
(1) 图名(或基础代号)、比例;
(2) 基础断面图中轴线及其编号(若为通用图,则轴线圆圈内不予编号);
(3) 基础断面形状、大小、材料以及配筋;
(4) 防潮层的做法和位置;

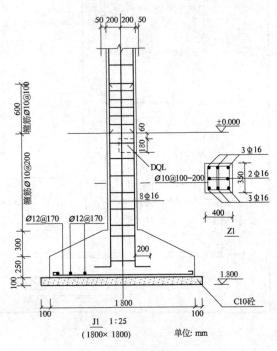

图9.7 柱基础详图

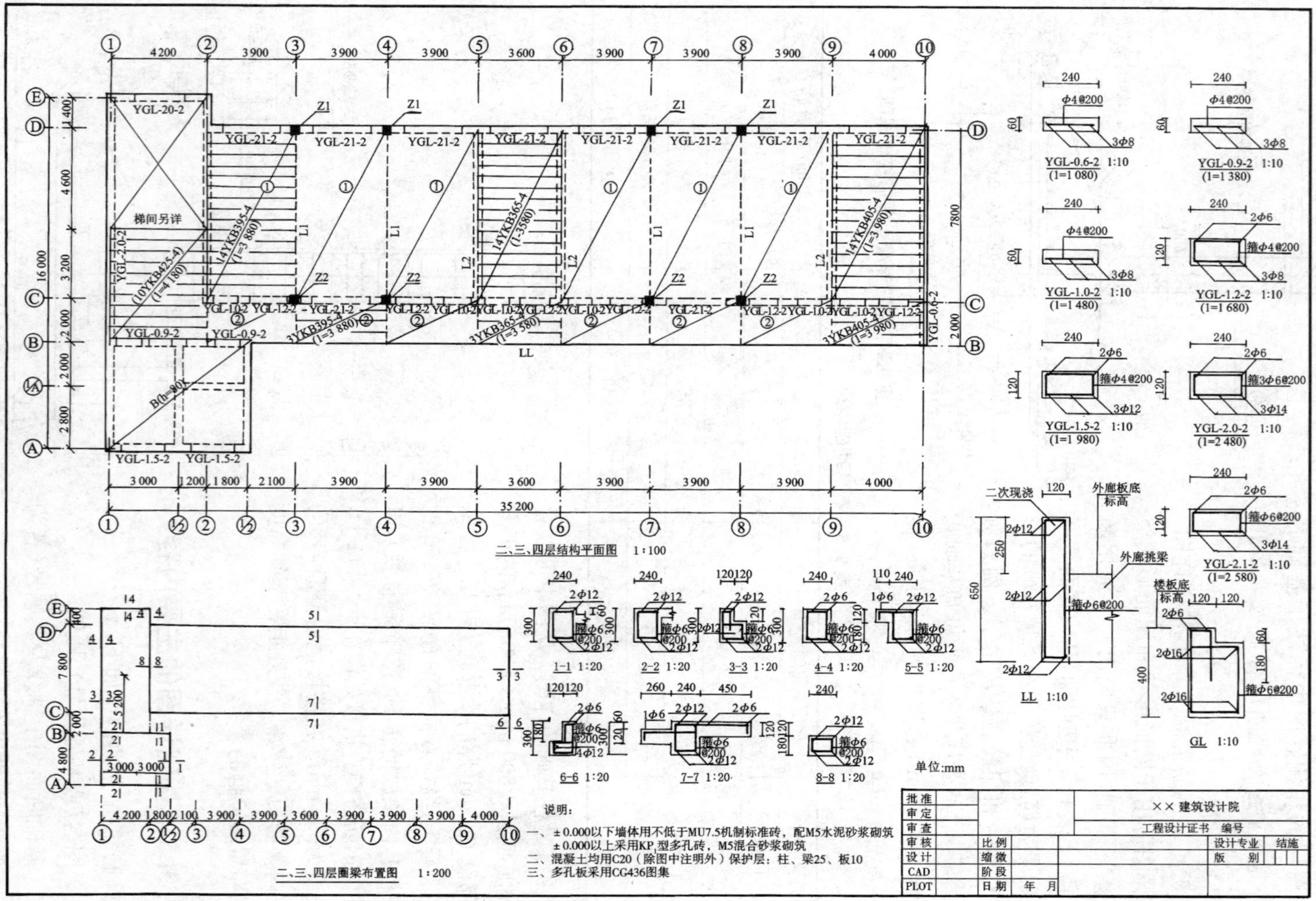
二、三、四层结构平面图 1:100
二、三、四层圈梁布置图 1:200
1-1 1:20
2-2 1:20
3-3 1:20
4-4 1:20
5-5 1:20
6-6 1:20
7-7 1:20
8-8 1:20
LL 1:10
GL 1:10
YGL-0.6-2 1:10 (l=1 080)
YGL-0.9-2 1:10 (l=1 380)
YGL-1.0-2 1:10 (l=1 480)
YGL-1.2-2 1:10 (l=1 680)
YGL-1.5-2 1:10 (l=1 980)
YGL-2.0-2 1:10 (l=2 480)
YGL-2.1-2 1:10 (l=2 580)
梯间另详
二次现浇
外廊板底标高
外廊挑梁
楼板底标高
单位:mm
说明:
一、±0.000以下墙体用不低于MU7.5机制标准砖，配M5水泥砂浆砌筑
±0.000以上采用KP型多孔砖，M5混合砂浆砌筑
二、混凝土均用C20（除图中注明外）保护层：柱、梁25、板10
三、多孔板采用CG436图集
批准
审定
审查
审核
设计
CAD
PLOT
比例
缩微
阶段
日期 年 月
××建筑设计院
工程设计证书 编号
设计专业 结施
版 别

图 9.8 楼层结构平面图

(5) 室内外地面标高及基础底面标高;
(6) 施工说明等。

9.4 结构平面图

9.4.1 结构平面图的主要内容

结构平面图是表示建筑物室外地面以上各层平面承重构件(如梁、板、柱、墙、门窗过梁、圈梁等)布置的图样,它是假想在该层结构面作水平剖切后的水平投影图,是结构施工时构件制作和吊装就位的依据。

结构平面图的主要内容一般有:
(1) 图名、比例;
(2) 定位轴线及其编号;
(3) 下层承重墙的布置,本层柱子的位置及代号;
(4) 楼层或屋顶结构构件的平面位置,如各种梁、板的布置及代号等;
(5) 轴线尺寸和构件定位尺寸;
(6) 施工说明等。

9.4.2 楼层结构平面图

现以图 9.8 来说明楼层结构平面图所表达的内容和图示要求。

(1) 定位轴线确定了各承重构件和墙的位置,它与建筑平面图的定位轴线相一致。

(2) 下层承重墙的位置,被楼板压盖部位的轮廓线用虚线表示,可见轮廓线画成中粗实线;本层柱子被剖切到,均涂成黑色,并分别标注 Z1、Z2。

(3) 梁 L1、L2 因被楼板压盖,其中心位置用粗虚线表示。连系梁 LL 是可见的,其中心位置用粗实线表示。各种门窗过梁的轮廓线用虚线表示,并分别标注其代号和型号、规格。

(4) 除楼梯间及部分楼板采用现浇外,其余都采用预制空心板。例如在②~③轴线间楼面部分画出了楼板的铺设情况,并画了一条对角线,注有 14YKB395-4。它表达了铺设预制楼板的型号、规格、数量。现说明如下(见图 9.9):

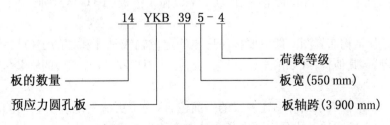

图 9.9 楼板铺设说明

凡是楼板铺设相同的房间，只需画出其中一间的铺设情况，并在小圆内编号，其余房间只要画上对角线及编号就可以了。对角线下方括号内的数字表示了楼板的实际长度。

现浇板可在图中直接画出配筋及断面形状，详见图9.14(4.480层板、梁配筋)。

9.4.3 其他结构布置图

1. 屋顶结构布置图

屋顶结构平面图是表示屋面承重构件平面布置的图样，其图示内容与表达方法与楼层结构平面图基本相同，可参见图9.10。

2. 圈梁布置平面图

混合结构的房屋需根据抗震等要求，在房屋的适当位置设置圈梁。圈梁一般设置在楼板及屋面板的底部，也有设置在门窗洞顶，与门窗过梁结合起来的。

图9.8的圈梁布置平面图中，圈梁用粗实线表示，并在适当位置画出断面的剖切符号，以便与圈梁断面图对照阅读。圈梁平面图比例可以小些，一般用1∶150或1∶200。圈梁平面图中还要标注定位轴线间的距离尺寸。

3. 单层厂房结构布置图

单层厂房有柱、吊车梁、柱间支撑的结构平面布置图和屋架、支撑(水平支撑、垂直支撑)的屋面结构平面图。必要的话，还要画出外墙连系梁(或墙梁)、柱间支撑等结构的立面布置图。

为了表明该单层厂房的结构布置，采用了一个剖切在吊车梁上方的柱网布置图和一个向下观看的屋顶结构布置图来表示。由于该单层厂房的结构布置左右对称，因此它的柱网布置图和屋顶结构布置图都只画一半，并以对称中心线为界合并在一张图中。

在柱网布置图中，钢筋混凝土柱(Z)是被剖到的断面，用涂黑表示，吊车梁(DL)用粗实线表示，外墙连系梁也用粗实线表示(因外墙上有几道连系梁，它们的高度位置将另有结构立面图表示，故在柱网布置图中仅标出一道可见的连系梁的代号)。

在屋顶结构布置图中，屋架(YWJ)用粗点划线表示，屋架垂直支撑(WCC)和屋架直撑(WZC)用粗实线表示，预制的大型屋面板(YWB)和天沟板(YTG)分块画出了它们的布置情况。

柱网和屋顶结构布置图一般只要标注房屋的定位轴线尺寸和柱的定位尺寸，因为当柱子的位置确定后，其他构件(如吊车梁、屋架、支撑、屋面板和天沟板等)的安装位置也就随之而确定了。

柱网布置图中仅表示出外墙连系梁的平面位置，为了更清楚地表明它们的高度方向的布置，还应采用立面图的形式分别画出各个外墙面的连系梁布置图。

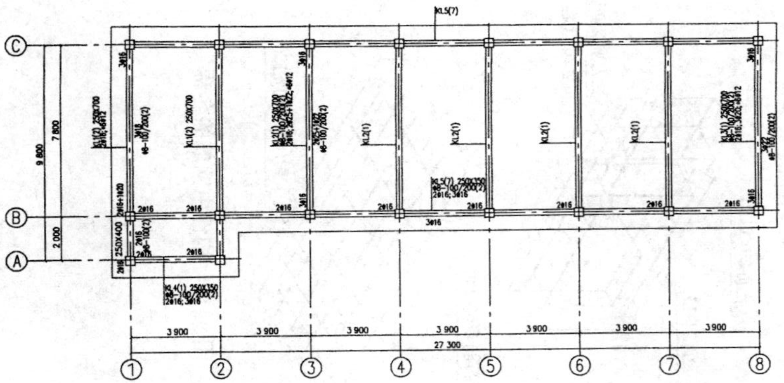

图 9.10 屋顶结构布置图

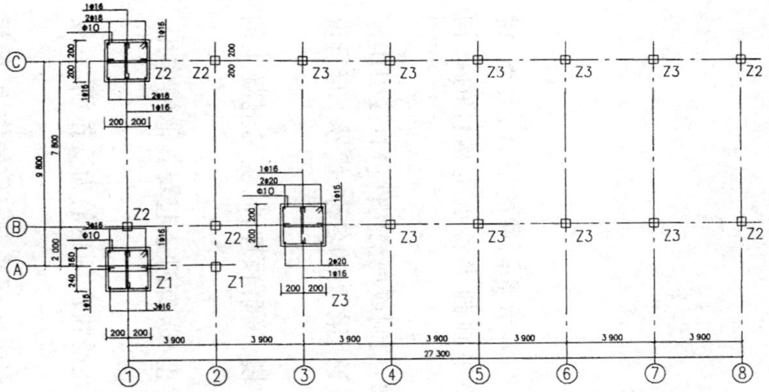

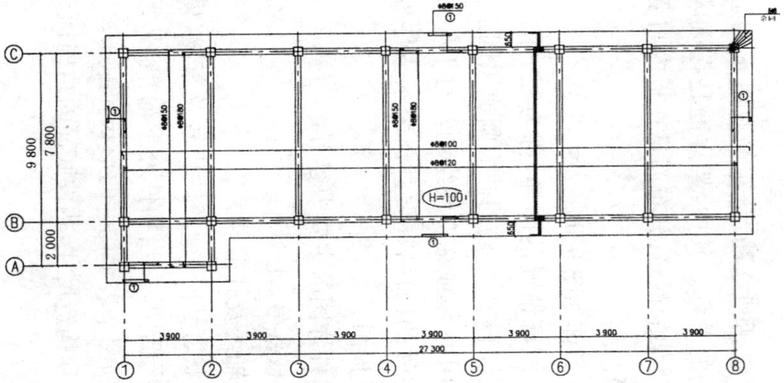

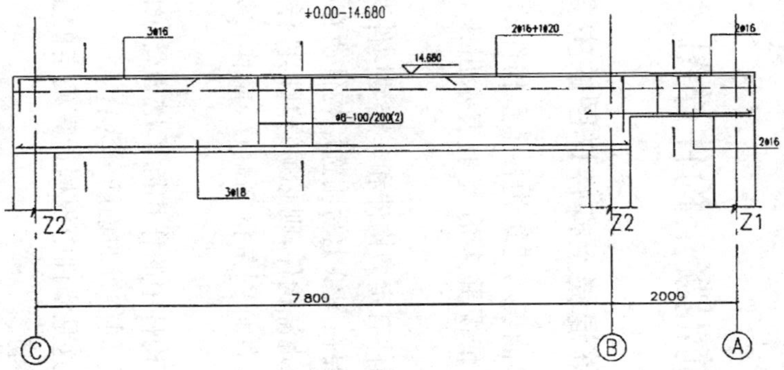

157

9.5 钢筋混凝土构件详图

9.5.1 钢筋混凝土构件详图的主要内容

结构平面图只能表示建筑物各承重构件的平面布置,许多承重构件的形状、大小、材料、构造和连接等情况并未清楚地表示出来,因此,需要单独画出各承重构件的结构详图。

钢筋混凝土构件有定型构件和非定型构件两种。定型的预制或现浇构件可直接引用标准图或通用图,只要在图纸上写明选用构件所在标准图集或通用图集的名称、代号。自行设计的非定型预制或现浇构件,则必须绘制构件详图。

钢筋混凝土构件详图是钢筋翻样、制作、绑扎、现场支模、设置预埋件、浇捣混凝土的依据。

钢筋在混凝土构件中的作用除了增强受拉区的抗拉强度外,有时还起着其他的作用。所以,常把构件中不同位置的钢筋分为:

(1) 受力筋 这是构件中根据计算确定的主要钢筋。在受拉区的钢筋为受拉筋,在受压区的钢筋为受压筋。

(2) 箍筋 在梁和柱中承受剪力或扭力作用的钢筋,并对纵向钢筋起定位的作用,使钢筋形成钢筋骨架。

(3) 构造筋 包括架立筋、分布筋及由于构造需要的各种附加钢筋的总称。其中:架立筋是在梁内与受力筋、箍筋构成骨架的钢筋;分布筋是在板内与受力筋组成骨架的钢筋。

构件中钢筋的名称如图 9.11 所示。

主要表示构件配筋情况的图样,称为配筋图。配筋图中钢筋用粗实线表示,钢筋的截面画成黑圆点,构件的外形轮廓线用中实线或细实线绘制。对于外形比较复杂或设有预埋件的构件,还要画出表示构件外形和预埋件位置的模板图。

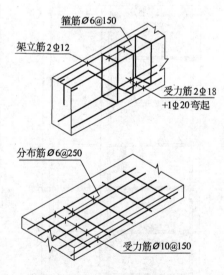

图 9.11 构件中钢筋的名称

钢筋混凝土构件详图的主要内容有:
(1) 构件名称或代号、比例。
(2) 构件定位轴线及其编号。
(3) 构件的形状、尺寸和预埋件代号及布置(模板图),构件的配筋(配筋图)。当构件外形简单、又无预埋件时,一般用配筋图来表示构件的形状和配筋。
(4) 钢筋尺寸和构造尺寸,构件底面的结构标高。
(5) 施工说明等。

9.5.2 钢筋混凝土柱

图 9.10 中柱配筋平面图为钢筋混凝土柱 Z1～Z3 的结构详图。从图中可以看出,轴线Ⓐ不在柱 Z1 的中心位置,该柱从±0.000 m 起到标高 14.680 m 止,断面尺寸为 400 mm×400 mm。

图 9.12 为钢筋混凝土柱箍筋加密区范围,表示柱子中的箍筋间距。

柱 Z1 纵筋配 8 根直径为 16 mm 的 HRB335 钢筋,即 8Φ16,其下端与柱下基础搭接,搭接情况可从图 9.7 柱基础 J1 详图中看出。

Z1～Z3 箍筋加密可参见图 9.12。

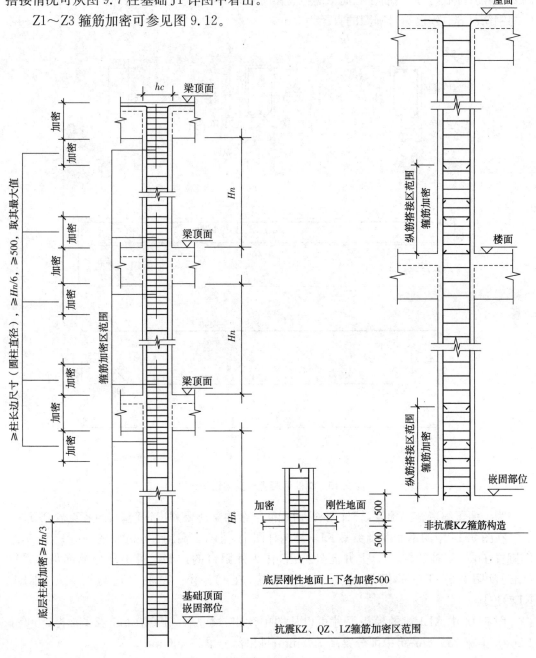

图 9.12 钢筋混凝土柱加密区范围

9.5.3 钢筋混凝土梁

钢筋混凝土梁的结构详图以配筋图为主,包括钢筋混凝土梁的立面图和剖面图(参见 9.2 中 KL1、图 9.4 中 KL1)。

图 9.13 是钢筋混凝土简支梁的结构详图。钢筋的形状在配筋图中一般已表达清楚。如果在配筋比较复杂、钢筋重叠无法看清时,应在配筋图外另增加钢筋详图(又称钢筋大样图)。钢筋详图应按照钢筋在立面中的位置由上而下,用同一比例排列在梁的下方,并与相应的钢筋对齐。钢筋编号圆圈的直径为 6 mm。

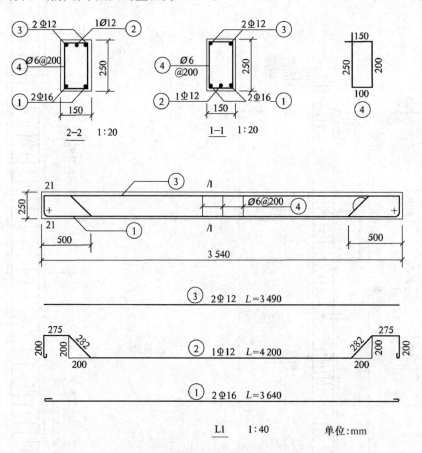

图 9.13 钢筋混凝土简支梁结构详图

为了便于编造施工预算,统计用料,对配筋复杂的梁还要列出钢筋表,内容见表 9.6。

在图 9.14 中的钢筋混凝土梁 KL1 结构详图中,梁的一端搁置在Ⓐ轴的柱(Z1)上,另一端搁置在Ⓑ、Ⓒ轴的柱(Z2)上并向外伸出,作为外阳台的挑梁。挑出部分端部与连系梁(LL)及阳台栏杆中的钢筋混凝土小柱连接,在Ⓒ、Ⓑ、Ⓐ轴上还与框架梁(KL4、KL5)连接。

图 9.14 中 KL1 梁的模板尺寸可以从图中读出:梁总长 11 000 mm(2 000+7 800+1 200),梁宽 250 mm;跨中部分梁高 700 mm;挑出部分梁高 400 mm。

表 9.6 钢筋表

构件名称	构件数	钢筋编号	钢筋规格	简 图	长度/mm	每件支数	总支数	重量累计/kg
L1	1	1	Φ16		3 640	2	2	6.84
		2	Φ12		4 204	1	1	4.45
		3	Φ12		3 490	2	2	3.69
		4	Φ6		650	18	18	2.60

梁的跨中下面配置一道纵向受力筋,配筋为三根钢筋(3Φ18),上面一道配置二根钢筋(2Φ18)。下部1Φ18弯起筋在近支座处按45°方向弯起,弯起钢筋上部弯平点的位置离柱边缘距离为50 mm。梁的跨中上面配置两根架立筋(即2Φ18),架立筋2Φ18在近支座2 100 mm处改为3Φ18。梁的挑出部分下面配置两根钢筋(即2Φ12),上面配置三根钢筋(即3Φ18)。梁的跨中部分箍筋为Φ8@200,支座部分为Φ8@100,梁的挑出部分箍筋为Φ8@100。

梁的立面图上标出了梁顶部标高(即楼板底部标高)。梁的断面形状、大小及不同断面的配筋,则用断面图表示。梁纵向钢筋构造参见图9.15。

9.5.4 钢筋混凝土板

钢筋混凝土板结构详图通常采用结构平面图或结构剖面图表示。在钢筋混凝土板结构平面图中,能表示出轴线网、承重墙或承重梁的布置情况,表示出板支承在墙、梁上的长度及板内配筋情况。当板的断面变化大或板内配筋较复杂时,常采用板的结构剖面图表示。在结构剖面图中,除能反映板内配筋情况外,板的厚度变化,板底标高也能反映清楚。

图 9.14 中 4.480 层板配筋的结构平面图中可以看出,板支承在①~⑧与Ⓐ~Ⓓ轴线梁上。从板的重合断面形状,可以看出板①与梁一起现浇,①号板底横向正弯矩钢筋Φ8@100,纵向正弯矩钢筋Φ8@180,板四周沿墙配置负弯矩钢筋Φ10@130,长度为1 100 mm,板厚为100 mm,板顶标高为4.480。

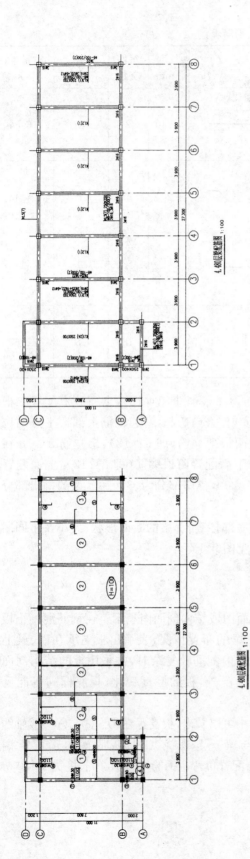
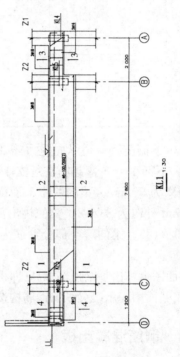

图 9.14 钢筋混凝土梁、板结构构详图

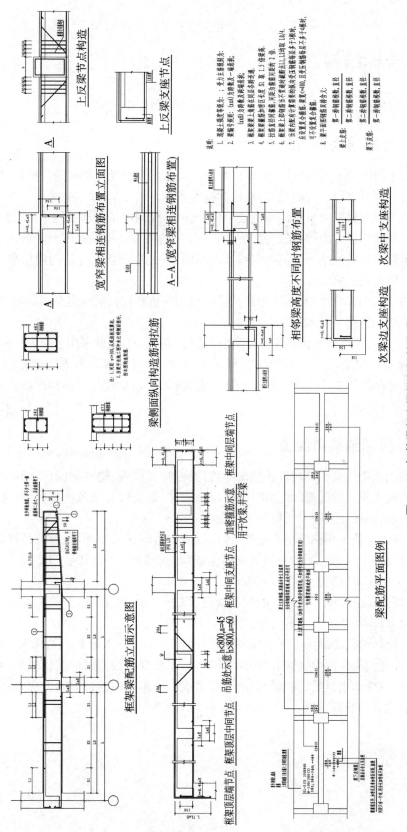

图 9.15 钢筋混凝土梁纵向钢筋构造

9.6 楼梯结构详图

楼梯结构详图由楼梯结构平面图和楼梯结构剖面图组成。

9.6.1 楼梯结构平面图

楼梯结构平面图是表明各构件(如楼梯梁、梯段板、平台板及楼梯间的门窗过梁等)的平面布置代号、大小和定位尺寸及它们的结构标高的图样。

楼层结构平面布置图因采用的比例较小(1∶100),仅画出了楼梯间的平面位置,楼梯构件的平面布置和详细尺寸尚需用较大比例(如1∶50)的楼梯结构平面图来表示。楼梯结构平面图的图示要求与楼层结构平面布置图基本相同,它是用剖切在各层间楼梯平台上方的一个水平剖面图来表示的。

楼梯结构平面图应分层画出,当中间几层的结构布置和构件类型完全相同时,则只要画出一个标准层楼梯结构平面图。

在图9.16的楼梯结构平面图中:各层楼梯结构都不相同,因此采用分层表达的方法;楼梯平台均铺设预制空心板,楼梯为板式,即不带斜梁;梯段板有六种不同型号(即TB1~TB6),楼梯梁也有六种型号(即TL1~TL6)。从图中可以看出楼梯梁和梯段板的平面布置情况。

9.6.2 楼梯结构剖面图

楼梯结构剖面图是表明各构件的竖向布置与构造,梯段板、楼梯梁的形状和配筋(当平台板和接板为现浇板时的配筋)的大小尺寸、定位尺寸、钢筋尺寸及各构件的结构标高等的图样,它是垂直剖切在楼梯段上所得到的剖面图。

在图9.16的左侧是楼梯结构平面图,各梯段的构造形式都不相同,因此各梯段板内的配筋情况也需要逐个表达。图的右侧是该楼梯结构的剖面图,对TB1、TB2采用了分别剖切,然后按它们的相对位置合并在一起表示。

从图中,可以看出TB1、TB2内的配筋情况、TB1、TB2与TL1、TL2的连接方式及梯段板的外形尺寸、预留孔的位置等情况。

本例中的楼梯结构剖面图仅用来反映梯段板内的配筋情况及梯段板与楼梯梁的连接情况,这是因为在建筑施工图中,已经由楼梯详图表明了楼梯梯段、楼梯梁、楼梯平台、部分楼板、室内外地面及外墙上过梁、圈梁的竖向布置情况。本例采用这种表达方法,是为了避免施工图中相同内容的前后重复。

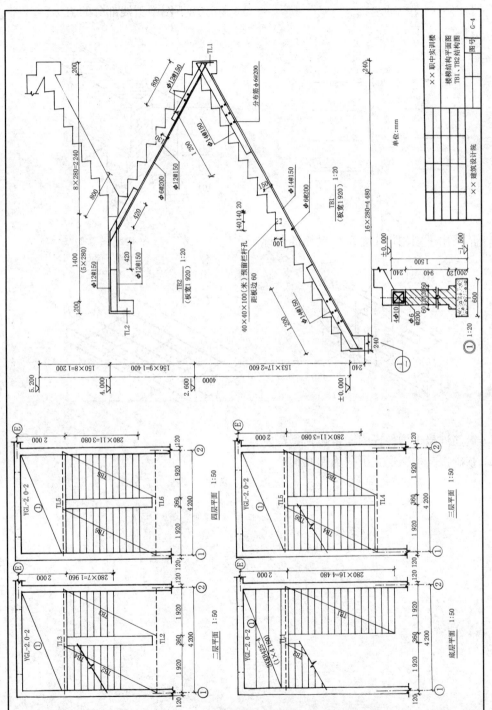

图 9.16 楼梯结构平面图

思考与练习

1）写出下列图标的名称。

(1) ·　　　(5) ⌐
(2) —　　(6) ⊸///
(3) ⌐　　(7) ⌐⌐
(4) ⊏　　(8) ⌒

2）标注出下图中引线部分的名称。

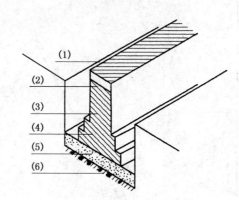

3）请写出下图构件中各部位钢筋的名称。

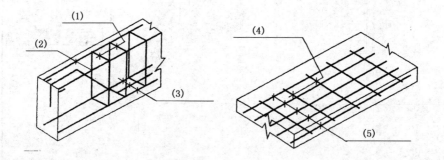

4）钢筋混凝土构件详图通常包括哪些内容？

5）基础按其构造形式可分为哪几种？

10 设备施工图

园林工程除了土建、结构外,还有给水排水、电气等设备,这些设备的制作和安装,就是设备施工图所要表达的内容。

设备施工图的种类很多,本章仅简要叙述给水排水和电气两种较普通的设备施工图的有关内容。

10.1 给水排水施工图

给水排水工程包括给水工程、排水工程和建筑给水排水工程。给水工程包括水源取水、水质净化、提升泵房、铺设输水管渠和管网、调节构筑物等工程;排水工程包括污水(生活污水、工业废水、降水等)收集、输送、处理及处理后的排放或再利用;建筑给水排水工程包括建筑给水、建筑消防、建筑排水、建筑热水、建筑中水等工程。

10.1.1 给水排水施工图的组成

给水排水施工图(简称给排水施工图)可分为室内给排水施工图与室外给排水施工图两大部分,它们一般都由基本图和详图组成。基本图包括管道平面布置图、剖面图、系统轴测图(又称透视图)、原理图及说明等;详图表明各局部的详细尺寸及施工要求。

室内给排水施工图表示建筑物内部的给水工程和排水工程(如厕所、浴室、厨房、锅炉房、实验室等),主要包括平面图、系统图和详图。

室外给排水施工图表示一个区域或一个厂区的给水工程设施(如水厂、水塔、给水管网等)和排水工程设施(如排水管网、污水处理厂等),主要包括管道总平面图、纵断面图和详图。园林工程中水景工程包括人造镜池、溪流、瀑布和喷泉,绿地喷灌指城市绿地的喷灌,包括园林绿地、市政绿地、小区庭院绿地和运动场绿地。施工图主要包括管道总平面图、管道系统图和详图。

10.1.2 给水排水施工图的特点

(1)给排水管道及设备常采用统一的图例和符号表示,这些图例、符号并不能完全反映实物的实样。因此,在阅读时,要首先熟悉常用的给水排水施工图的图例符号所代表的内容(见附录Ⅳ)。

(2)给水排水管道系统图的图例线条较多,识读时,要先找出进水源、干管、支管及用水设备、排水口、污水流向、排污设施等。一般情况下给水排水管道系统的流向图中有以下几项内容和流程：

室内给水系统：进户管→水表井（或阀门井）→干管→立管→支管→用水设备。

室内排水系统：用水设备排水口→存水弯（或支管）→干管→立管→总管→室外检查井。

（3）给水排水管道布置纵横交叉，在平面图上很难表明它们的空间走向，所以常用轴测投影的方法画出管道系统的立面布置图，用以表明各管道的空间布置状况。这种图称为管道系统轴测图，简称管道系统图。在绘制管道系统轴测图时要根据各层的平面布置绘制；识读时，应把系统图和平面图对照识读。

（4）给排水施工图与土建施工图有紧密的联系，留洞、打孔、预埋管沟等对土建的要求在图纸上要有明确的表示和注明。

10.1.3 室内给水排水平面图

室内给水排水平面图表示建筑物内的给水和排水工程内容，主要包括平面图、系统图和详图。室内与室外的分界一般以建筑物外墙为界（有时给水以进口处的阀门为界，排水以室外第一个排水检查井为界）。平面图表明了给排水管道及设备的平面布置，主要包括干管、支管、立管的平面位置，管口直径尺寸及各立管的编号，各管道零件（如阀门、清扫口等）的平面位置，给水进户管和污水排出管的平面位置及室外给排水管网的相互关系。图 10.1 是某单元住宅底层给排水平面图，图 10.2 是楼层给排水平面图。

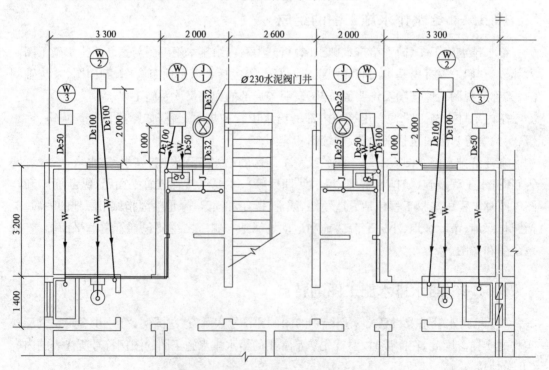

图 10.1　某单元住宅底层给排水平面图

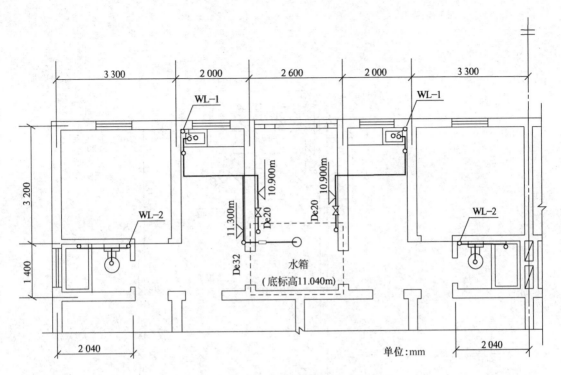

图 10.2　某单元住宅楼层给水排水平面图

从图中可看出每层每户设有的浴缸、坐便器、水池等用水设备。给水管径分别为 De32、De25、De20，排水管径分别为 De100、De50。除引入管外，室内给水管均以明管方式安装。图中还表明了阀门的位置(图中未注明尺寸的部位可按比例测量)。

10.1.4　给水排水系统图

系统图分为给水系统和排水系统两大部分，它是用轴测投影的方法来表示给排水管道系统的上、下层之间，前后、左右之间的空间关系的。在系统图中除注有各管径尺寸及主管编号外，还注有管道的标高和坡度。识图时必须将平面图和系统图结合起来看，互相对照阅读，才能了解整个排水系统的全貌。

图 10.3 是某单元住宅的给水系统图。阅读时，可以从进户管开始，沿水流方向经干管、支管到用水设备。图中的进户管管径分别为 De32 和 De25，室外管道的管中心标高为 −0.65 m，进入室内返高至 −0.30 m，在立管上各层均距楼地面 900 mm 引出水平支管通至用水设备。从图中还可以看出，一、二层由室外管网供水，三、四层由屋顶水箱供水。

图 10.4 是某单元住宅的排水系统图。阅读时可由排水设备开始，沿水流方向经支管、立管、干管到总排出管。从图 $\frac{W}{2}$ 中可知道各层的坐便器和浴池的污水是经各水平支管流到管径为 100 mm 的立管，再由水平排污管排到室外的检查井。

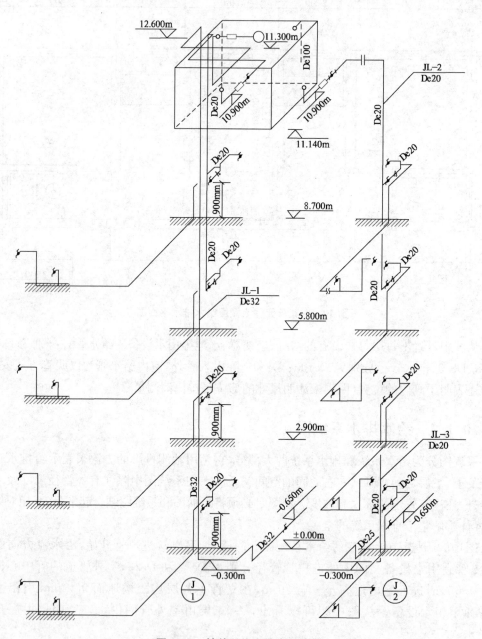

图 10.3 某单元住宅给水系统图

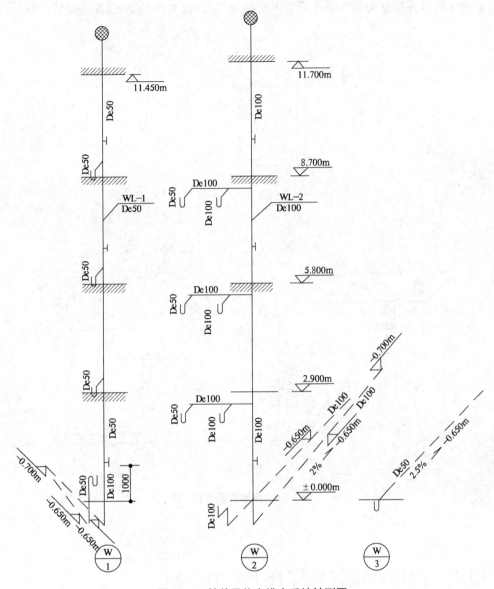

图 10.4 某单元住宅排水系统轴测图

当水平管穿过外墙时,其管底标高为 -0.65 m,图 $\frac{W}{1}$ 中表示各层的水池污水是经各水平支管流至管径为 50 mm 的立管,该立管向下至标高为 1.00 m 处的直径变为 100 mm,再向下至地面下一定深度处,由水平干管排至室外检查井。图 $\frac{W}{3}$ 表示底层浴池污水由坡度为 2.5%、管径为 50 mm 的水平管排至室外检查井。

10.1.5 给水排水详图

给水排水详图又称大样图,它表示某些设备或管道节点的详细构造与安装要求。图 10.5 是水池的安装详图,表明了水池安装与给水管道和排水管道的相互关系及安装控制尺寸。有的详图可直接查阅标准图集或室内给排水手册,如水表、卫生设备等安装详图。

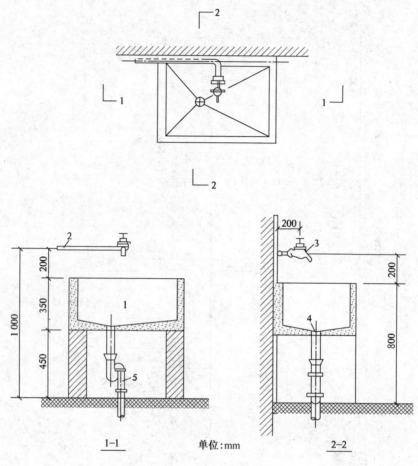

图 10.5 水池安装详图

10.2 园林管线工程综合规划的编制

园林管线工程综合规划编制一般分规划和设计两个步骤。

10.2.1 园林管线工程综合规划编制

1. 管线工程综合示意图

根据各项管线工程的规划资料进行总体布置编制(图 10.6,比例 1∶5 000～1∶10 000),主要解决管线在系统布置上存在的问题,确定管线的走向。

2. 绘制管线工程综合规划图

根据规划要求及管线综合设计有关参数表,调整、修改、处理管线在平面和竖向标高上的各种矛盾,将各种管线用所代表的图例或符号绘制在图上(比例为1∶1 000~1∶5 000),并标明必要的数据和说明。

3. 编写管线工程综合规划说明书

主要内容包括所综合的管线、引用的资料、规划管线综合安排的原则、提出各单项工程分期建设应注意的问题。

10.2.2 园林管线工程综合设计编制

1. 设计原则

(1) 道路和各种管线的立面位置应采用城市统一的标高系统。

(2) 安排管线位置时应考虑今后的发展变化,对有可能发展的管线留有余地。并尽量节约建设用地。

(3) 在不妨碍今后的运行、检修和合理占用土地的情况下,尽量使管线的路线短捷,缩短管线的长度,节省建设费用。

(4) 埋设在道路下的管线,原则上与道路中心线平行。

(5) 在道路横断面中安排管线位置时,尽可能布置在人行道下与非机动车道下,以便今后的维修与养护。

(6) 编制管线工程综合图时,尽可能减少道路交叉口范围内的管线交叉数量,这样,可减少交叉管线在标高上发生矛盾。

(7) 管线发生冲突时,避让原则一般是:

① 还没有建设的管线让已建成的管线;

② 临时的管线让永久的管线;

③ 小管道让大管道;

④ 压力管道让重力自流管道;

⑤ 可弯曲的管道站不易弯曲的管道;

⑥ 管线之间或管线与建筑物、构筑物之间的水平距离和垂直净距要满足技术、卫生、安全等要求。

2. 管线工程综合设计平面图

比例:一般采用1∶1 000~1∶5 000,当内容比较简单、设计范围较小时,比例可适当放大,如图10.6采用比例为1∶500。

表达内容:主要将各种管线具体的准确位置在平面图上标出。管线在道路交叉点、转折点、坡度变化点、管线起讫点以及建筑物四周的转角等,都应标注其坐标值及管线定位尺寸。

园路一般采用不规则布置,则管线定位可采用网格法,如图10.6。因某公园(局部)用地范围较小,管线种类不多,园路布置不规则,故管线工程综合设计采用网格法。

园林管线工程由雨水管、污水管、给水管组成(见图例)。给水管由城市干道主管引入;排水管采用雨水、污水分流制。每段管长、管径、坡度、流向均用数字及箭头准确标注;雨水口及雨水窨井的管底标高,分别用指引线清晰标出;使人一目了然。

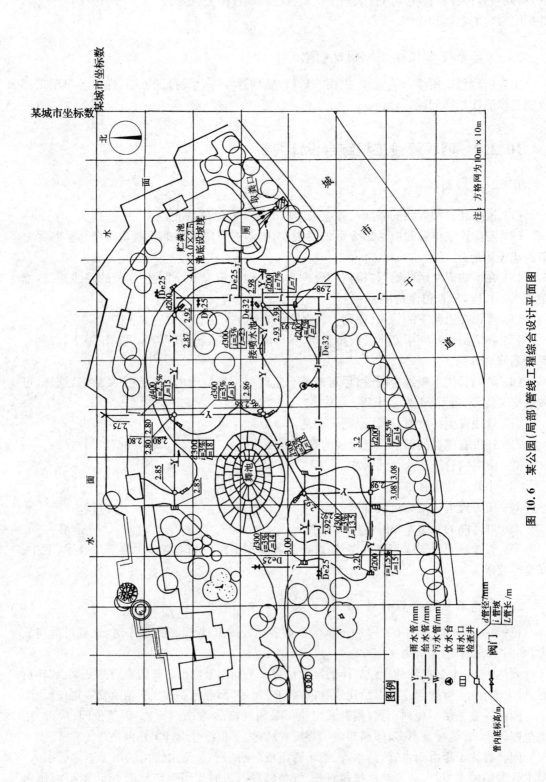

图 10.6 某公园（局部）管线工程综合设计平面图

3. 绘制管线交叉点标高图

主要用以检查和控制交叉管线在空间的位置。比例一般与设计平面图同。交叉管线复杂时,可局部放大比例。根据管线工程的复杂程度不同,有多种方法表示交叉点的标高。

1) 垂距简明表示法

交叉管线不太复杂时,可在每一管线交叉点绘制一垂距简表(表10.1),把交叉管线的管径、管底标高、交叉垂直净距等填写入简表,如果发现相互交叉的管线间有矛盾,应及时修改,把修改后的准确数填入简表,见图10.7。

表 10.1 垂距简表

名　　称	截　面	管底标高
净　距		地面标高	

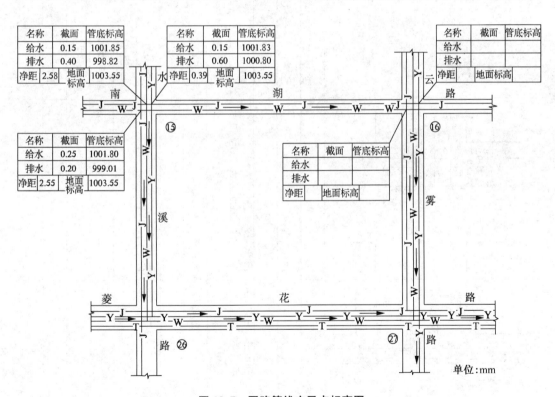

图 10.7 园路管线交叉点标高图

关于交叉管线的覆土厚度、埋设深度、垂直净距、管底标高等的相互关系,见图10.8。

2) 编号列表法

园路交叉结点的管线交叉点较多,可将管线交叉点编号,而后依编号将管线标高数据填入表中,此表称交叉管线垂距表,见表10.2。

3）同时采用垂距简明表示法和编号列表法

根据管线交叉的情况不同，也可同时采用上述两种方法，来绘制交叉管线的标高，如图10.7，在同一张图纸上，有四个园路交叉结点⑮、⑯、㉖、㉗，交叉结点⑮、⑯采用垂距简表法、交叉结点㉖、㉗采用编号列表法。

4）标高直接表示法

将管道直径、长度、坡度、地面标高等直接标注在设计平面图上（图纸比例一般1∶500），用指引线引出交叉管线的标高，见图10.8。

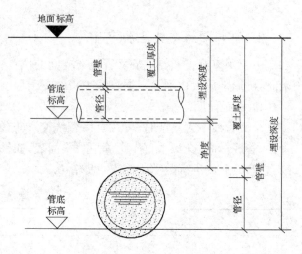

图10.8 管道间的垂直关系

表10.2 交叉管线垂距表

道路交叉口图	交叉口编号	管线交点编号	交点处的地面标高	上面 名称	上面 截面	上面 管底标高/m	上面 埋设深度/m	下面 名称	下面 截面	下面 管底标高/m	下面 埋设深度/m	垂直净距/m	附注
（图）	26	1		给水				污水					
		2		给水				雨水					
		3		给水				雨水					
		4		雨水				污水					
		5		给水				污水					
		6		电信				给水					
（图）	27	1		给水				污水					
		2		给水				雨水					
		3		给水				雨水					
		4		雨水				污水					
		5		给水				污水					
		6		雨水				污水					
		7		电信				给水					
		8		电信				雨水					

10.3 电气施工图

电气施工图是园林工程施工图的一个组成部分,它以统一规定的图形符号辅以简单扼要的文字说明,把电气设计的内容明确地表示出来,用以指导电气工程的施工。

园林项目中的电气工程主要是为喷泉及景观照明供配电的工程,大型复杂园林项目中的电气工程则包括电力工程、照明工程、通信工程、网络工程、智能化安全防范工程等诸多内容。本节主要介绍一般园林工程中的电气施工图。

10.3.1 正确识别国家颁布的各种电气元件符号

识别国家颁布的各种电气元件的通用图形符号,了解电气工程CAD制图规则,掌握园林工程中各种电气设备的供电方式,熟悉电气施工图的组成是进行电气设计及施工的前提,附录Ⅴ是常用电气图例及绘制说明。

10.3.2 电气施工图的组成

根据国家对建筑工程设计文件编制深度的相关制定,在施工图阶段,电气专业设计文件包括图纸目录、施工设计说明、电气平面图、电气系统图、电气原理图、设备布置图和详图、主要设备材料表、计算书(供内部使用及存档)等等。

1. 图纸目录

编制图纸目录应先列新绘制图纸,后列重复使用图。

2. 施工设计说明

工程识图一般从施工设计说明开始,从中可以了解工程设计概况及各系统的施工要求和注意事项。施工设计说明、补充图例符号、主要设备材料表可组成首页,当内容较多时,宜分开设置。

3. 电气平面图

电气平面图是表示各种电气设备及线路平面布置的图纸,它是电气安装定位的主要依据。

4. 电气系统图

电气系统图是用比较抽象的电气图形符号来概括工程的供电连结方式的一种图样,它比较集中地反映了电气工程的规模及电气设备的主要参数。

5. 设备布置图

设备布置图是表示配电柜等主要电气设备的平面及空间位置、安装方式及相互关系的图纸。

6. 电气原理图

电气原理图是表示某一具体设备或系统的电气工作原理的相关图纸。例如园林工程中常用的路灯自动或手动控制原理图。

7. 详图

详图主要表明电气设备安装和电气线路敷设的详细做法和要求。为便于设计和施工,详图应尽量采用国家或当地的标准图。

10.3.3 电气平面图

电气平面图一般包括电力平面图、照明平面图、防雷接地平面图及弱电(电视、电话)平面图等。照明平面图就是在建筑平面图基础上绘出的电气照明装置、线路的分布图。图10.9是某园林建筑底层照明平面图。图中可看出照明灯具、灯具开关、照明配电箱的平面位置。通过平面标注还可知会议室内有 4 盏型号为 YG2-2 的 40W 双管荧光灯,安装高度为 3 m。插座数量较少时相关内容也一并归在照明平面图上表示。

同时从图10.9还可以知道配电路线的位置、规格及连结关系。本工程首先有一路电源进线进入配电箱。从其线路标注可知导线规格为一根三芯塑料绝缘电力电缆。每芯大小为 10 mm^2。线路敷设方式为电缆穿焊接钢管埋地暗敷引入照明配电箱 AL1,而后由配电箱分为 N1、N2、N3 三个回路,分配引至插座、办公室照明和其他照明装置。各回路的设备规格和敷设方式均可从标注上读出。例如从平面图可知:回路 N3 上共连

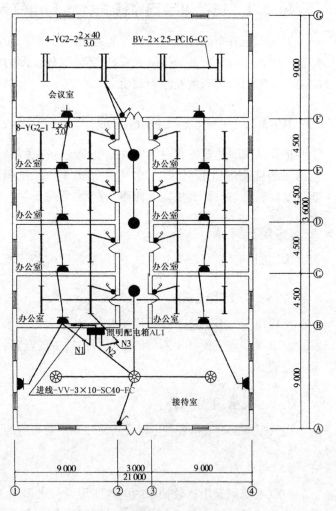

图 10.9 某园林建筑底层照明平面图

结17盏40W单管荧光灯,会议室右上角的荧光灯的一段线路敷设方式为 2 根 2.5 mm^2 的铜芯绝缘导线,穿过管径为 16 mm 的塑料保护管,沿顶板内暗敷。

10.3.4　电气系统图

与电气平面图相对应,电气系统图也分为电力系统图、照明系统图和弱电系统图。仍以图 10.9 为例,图 10.10 为其照明系统图。图中表明,电源进线为一根 10 mm² 的三芯电缆,进入配电箱后分为三个回路。其中进线电气开关为一个型号为 MN240K 的单相 40 A 的微型断路器,N2、N3 回路的保护开关均为单相 10 A 的微型断路器,N1 插座回路的保护开关为单相 20 A 并附有 30 mA 漏电保护的微型断路器。

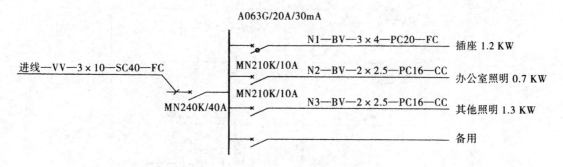

图 10.10　某园林建筑底层照明系统图

同时图中也标明了进出线的线路规格、敷设方式以及 N1、N2、N3 各回路上的电气设备总功率。

10.3.5　电气详图

电气安装工程的局部安装大样、配件构造等均要用电气详图表示出来才能施工。一般的施工图不绘制电气详图,电气详图与一些具体工程的做法均参考标准图或通用图册施工。有些设计单位为避免重复作图,提高设计速度,还自行编绘了通用图集供安装施工使用。图 10.11 是两只双控开关在两处控制一盏灯的接线方法。图 10.12 是日光灯的接线原理图,从详图上可了解到灯管之间线头的接法。

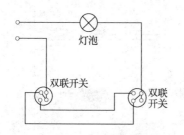

图 10.11　两只双控开关在两处控制一盏灯接线方法详图

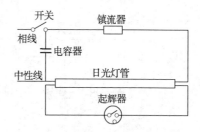

图 10.12　日光灯接线原理图

思考与练习

1) 在进行园林管线工程设计时,若管线发生冲突,有哪些避让原则?

2) 下图为某园林建筑底层照明平面图。试读图说出 N1,N2,N3 三条回路的照明装置设置情况。

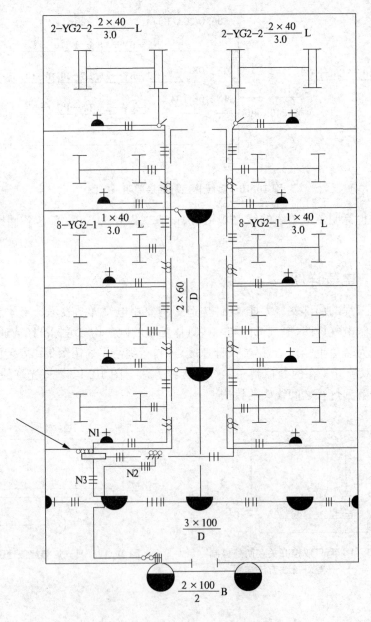

附录 Ⅰ 常用建筑材料图例(摘自 GB/T50001—2001)

序号	名称	图例	备注
1	自然土壤		包括各种自然土壤
2	夯实土壤		
3	砂、灰土	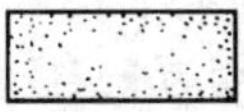	靠近轮廓线绘较密的点
4	砂砾石、碎砖三合土	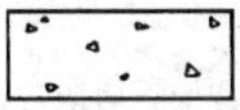	
5	石材	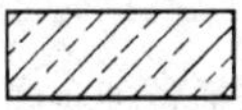	
6	毛石	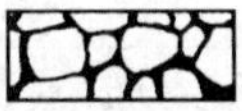	
7	普通砖	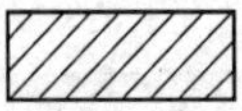	包括实心砖、多孔砖、砌块等砌体。断面较窄不易绘出图例线时,可涂红
8	耐火砖		包括耐酸砖等砌体
9	空心砖	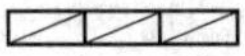	指非承重砖砌体
10	饰面砖		包括铺地砖、马赛克、陶瓷锦砖、人造大理石等
11	焦渣、矿渣	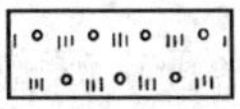	包括与水泥、石灰等混合而成的材料
12	混凝土	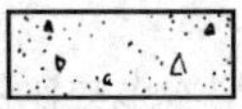	1. 本图例指能承重的混凝土及钢筋混凝土 2. 包括各种强度等级、骨料、添加剂的混凝土 3. 在剖面图上画出钢筋时,不画图例线 4. 断面图形小,不易画出图例线时,可涂黑
13	钢筋混凝土		
14	多孔材料		包括水泥珍珠岩、沥青珍珠岩、泡沫混凝土、非承重加气混凝土、软木、蛭石制品等

181

续表

序号	名称	图例	备注
15	纤维材料	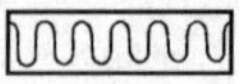	包括矿棉、岩棉、玻璃棉、麻丝、木丝板、纤维板等
16	泡沫塑料材料	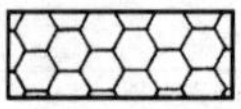	包括聚苯乙烯、聚乙烯、聚氨酯等多孔聚合物类材料
17	木材	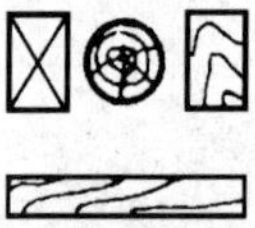	1. 上图为横断面,上左图为垫木、木砖或木龙骨 2. 下图为纵断面
18	胶合板	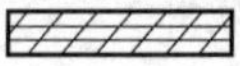	应注明为 x 层胶合板
19	石膏板	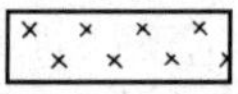	包括圆孔、方孔石膏板、防水石膏板等
20	金属	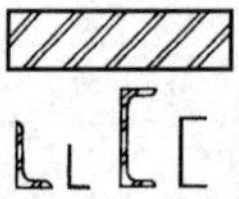	1. 包括各种金属 2. 图形小时,可涂黑
21	网状材料		1. 包括金属、塑料网状材料 2. 应注明具体材料名称
22	液体	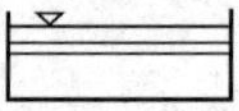	应注明具体液体名称
23	玻璃		包括平板玻璃、磨砂玻璃、夹丝玻璃、钢化玻璃、中空玻璃、加层玻璃、镀膜玻璃等
24	橡胶		
25	塑料		包括各种软、硬塑料及有机玻璃等
26	防水材料	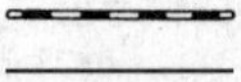	构造层次多或比例大时,采用上面图例
27	粉刷	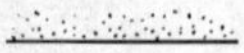	本图例采用较稀的点

注:序号1、2、5、7、8、13、14、16、19、18、24、25 图例中的斜线、短斜线、交叉斜线等一律为45°。

附录Ⅱ 总平面图图例(摘自 GB/T50103—2001)

序号	名称	图例	备注
1	新建建筑物		1. 需要时,可用▲表示出入口,可在图形内右上角用点数或数字表示层数 2. 建筑物外形(一般以±0.00高度处的外墙定位轴线或外墙面线为准)用粗实线表示。需要时,地面以上建筑用中粗实线表示,地面以下建筑用细虚线表示
2	原有建筑物	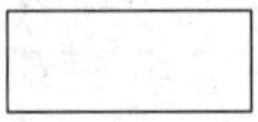	用细实线表示
3	计划扩建的预留地或建筑物		用中粗虚线表示
4	拆除的建筑物	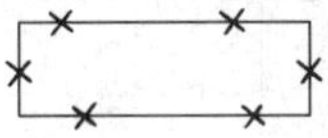	用细实线表示
5	建筑物下面的通道	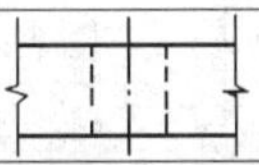	
6	散状材料露天堆场	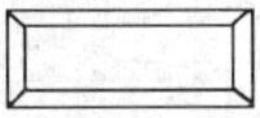	
7	其他材料露天堆场或露天作业场	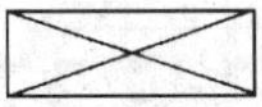	需要时可注明材料名称
8	铺砌场地	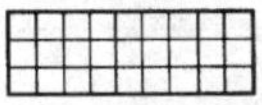	
9	敞棚或敞廊	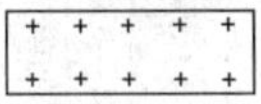	
10	高架式料仓	 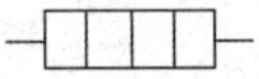	
11	漏斗式贮仓		左、右图为底卸式 中图为侧卸式
12	冷却塔(池)	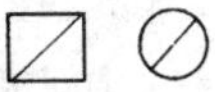	应注明冷却塔或冷却池
13	水塔、贮罐	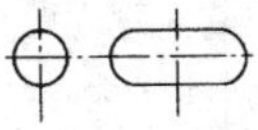	左图为水塔或立式贮罐 右图为卧式贮罐
14	水池、坑槽		也可以不涂黑
15	明溜矿槽(井)	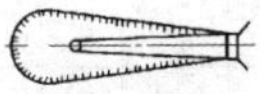	
16	斜井或平洞	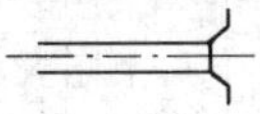	

续表

序号	名称	图例	备注
17	烟囱		实线为烟囱下部直径,虚线为基础,必要时可注写烟囱高度和上、下口直径
18	围墙及大门	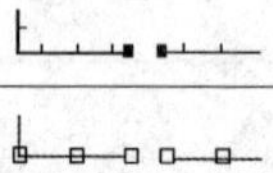	上图为实体性质的围墙,下图为通透性质的围墙,若仅表示围墙时不画大门
19	挡土墙		被挡土在"突出"的一侧
20	挡土墙上设围墙		
21	台阶	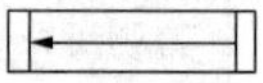	箭头指向表示向下
22	露天桥式起重机		"+"为柱子位置
23	露天电动葫芦	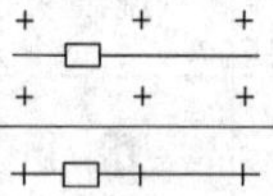	"+"为支架位置
24	门式起重机	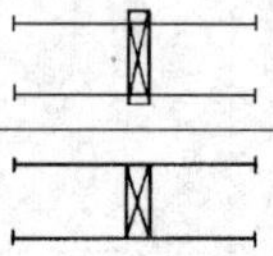	上图表示有外伸臂 下图表示无外伸臂
25	架空索道	I	"I"为支架位置
26	斜坡卷扬机道		
27	斜坡栈桥 (皮带廊等)	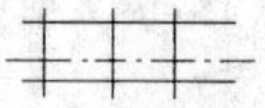	细实线表示支架中心线位置
28	坐标	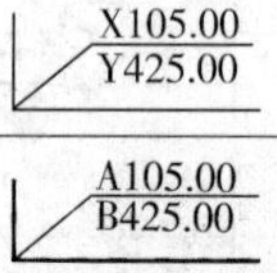 X105.00 Y425.00 A105.00 B425.00	上图表示测量坐标 下图表示建筑坐标
29	方格网交叉 点标高	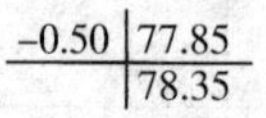 −0.50 | 77.85 78.35	"78.35"为原地面标高;"77.85"为设计标高; "−0.05"为施工高度; "−"表示挖方("+"表示填方)
30	填方区、挖方区、 未整平区及零点线	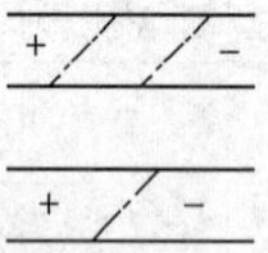	"+"表示填方区;"−"表示挖方区 中间为未整平区;点划线为零点线
31	填挖边坡		1. 边坡较长时,可在一端或两端局部表示 2. 下边线为虚线时表示填方
32	护坡		
33	分水脊线与谷线		上图表示脊线 下图表示谷线

续表

序号	名　称	图　例	备　注
34	洪水淹没线		阴影部分表示淹没区(可在底图背面涂红)
35	地表排水方向		
36	截水沟或排水沟		"1"表示1%的沟底纵向坡度,"40.00"表示变坡点间距离,箭头表示水流方向
37	排水明沟	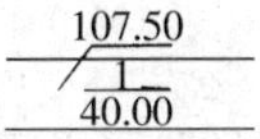 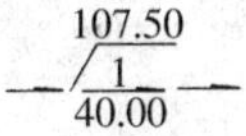	1. 上图用于比例较大的图面,下图用于比例较小的图面 2. "1"表示1%的沟底纵向坡度,"40.00"表示变坡点间距离,箭头表示水流方向 3. "107.50"表示沟底标高
38	铺砌的排水明沟	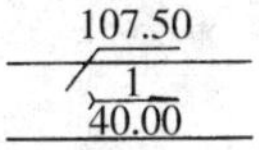 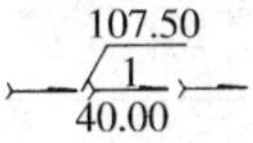	1. 上图用于比例较大的图面,下图用于比例较小的图面 2. "1"表示1%的沟底纵向坡度,"40.00"表示变坡点间距离,箭头表示水流方向 3. "107.50"表示沟底标高
39	有盖的排水沟	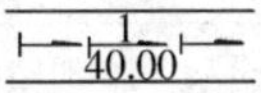 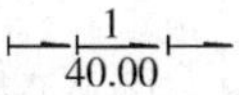	1. 上图用于比例较大的图面,下图用于比例较小的图面 2. "1"表示1%的沟底纵向坡度,"40.00"表示变坡点间距离,箭头表示水流方向
40	雨水口		
41	消火栓井		
42	急流槽		箭头表示水流方向
43	跌　水	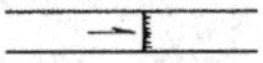	
44	拦水(闸)坝	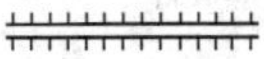	
45	透水路堤	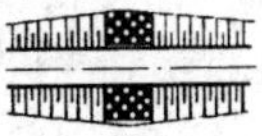	边坡较长时,可在一端或两端局部表示
46	过水路面	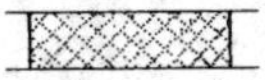	
47	室内标高	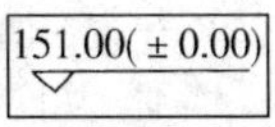 151.00(±0.00)	
48	室外标高	•143.00 ▼143.00	室外标高也可采用等高线表示

附录Ⅲ 构造及配件图例(摘自 GB/T50104—2001)

序号	名 称	图 例	序号	名 称	图 例
1	墙 体 (应加注文字或填充图例表示墙体材料,在项目设计图纸说明中列材料图例表给予说明)		6	平面高差 (适用于高差小于100的两个地面或楼面相接处)	
2	隔 断 (包括板条抹灰、木制、石膏板、金属材料等隔断;适用于到顶与不到顶隔断)		7	检查孔 左图为可见检查孔 右图为不可见检查孔	
3	栏杆		8	孔洞 (阴影部分可以涂色代替)	
4	楼 梯 注:1. 上图为底层楼梯平面,中图为中间层楼梯平面,下图为顶层楼梯平面 2. 楼梯及栏杆扶手的形式和梯段踏步数应按实际情况绘制		9	坑 槽	
			10	墙预留洞 (以洞中心或洞边定位,宜以涂色区别墙体和留洞位置)	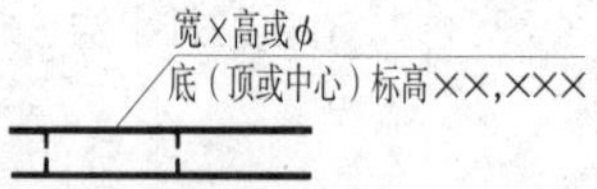
			11	墙预留槽	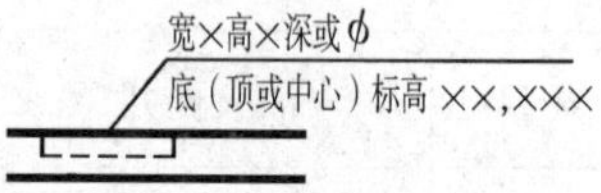
5	坡 道 (上图为长坡道,下图为门口坡道)		12	烟道 阴影部分可以涂色代替;烟道与墙体为同一材料,其相接处墙身线应断开	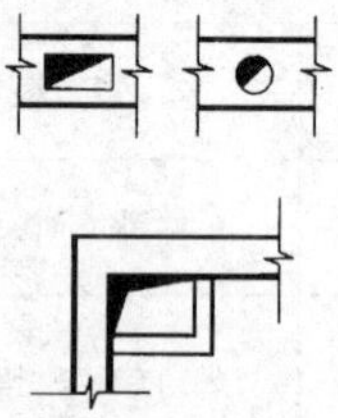
			13	通风道 阴影部分可以涂色代替;烟道与墙体为同一材料,其相接处墙身线应断开	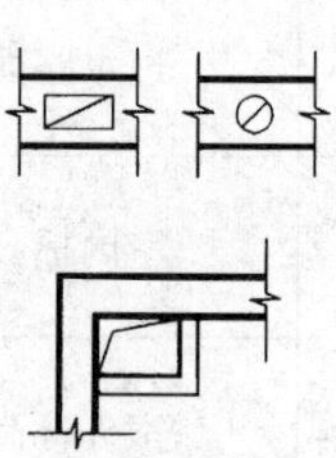

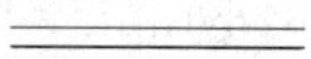

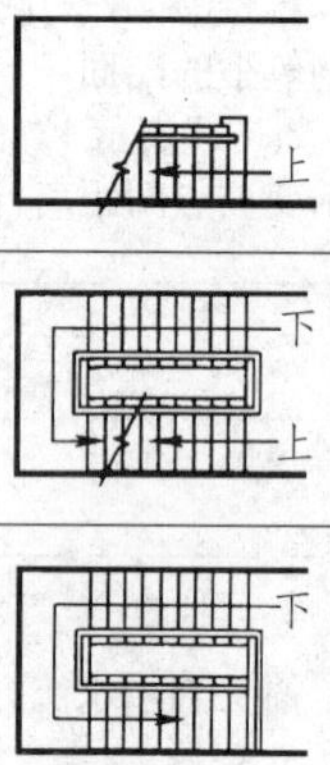

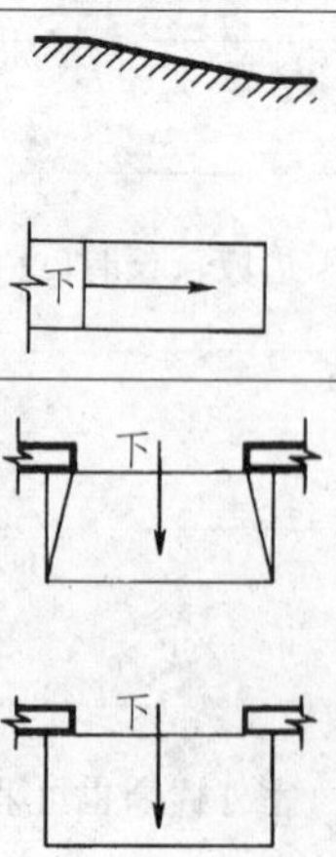

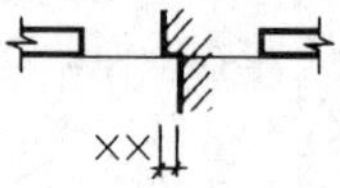

续表

序号	名　称	图　例	序号	名　称	图　例
14	新建的墙和窗 注：1. 本图以小型砌块为图例，绘图时应按所用材料的图例绘制，不易以图例绘制的，可在墙面上以文字或代号注明 　2. 小比例绘图时平、剖面窗线可用单粗线表示		21	空门洞 注：h 为门洞高度	
15	改建时保留的原有墙和窗		22	单扇门（包括平开或单面弹簧）	
16	应拆除的墙		23	双扇门（包括平开或单面弹簧）	
17	在原有墙或楼板上新开的洞		24	对开折叠门	
18	在原有洞旁扩大的洞		25	推拉门	
19	在原有墙或楼板上全部填塞的洞		26	墙外单扇推拉门	
20	在原有墙或楼板上局部填塞的洞		27	墙外双扇推拉门	

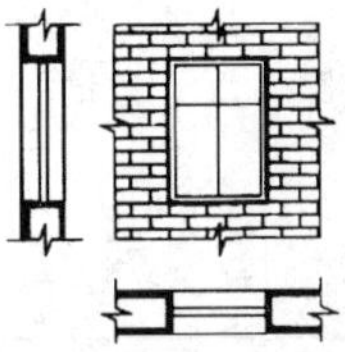

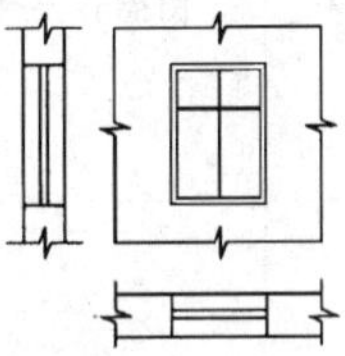

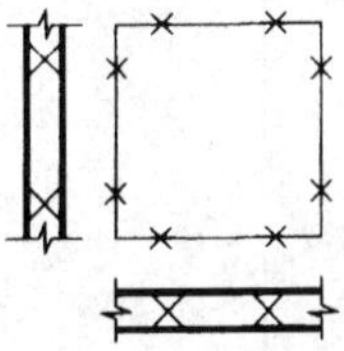

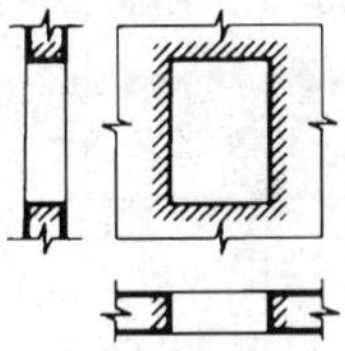

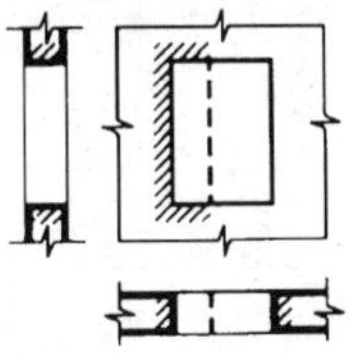

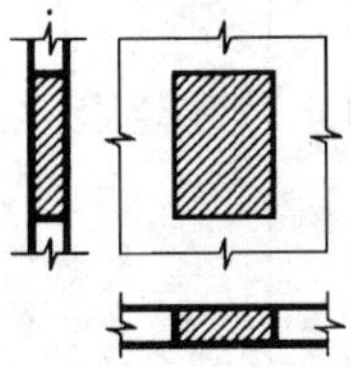

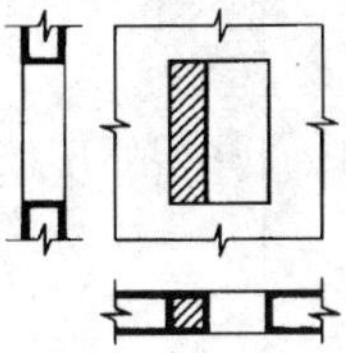

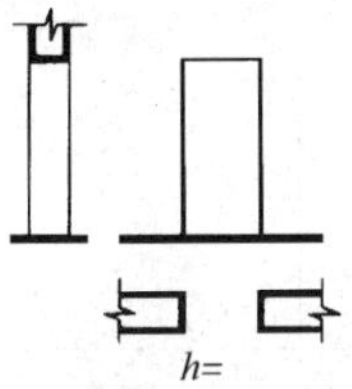

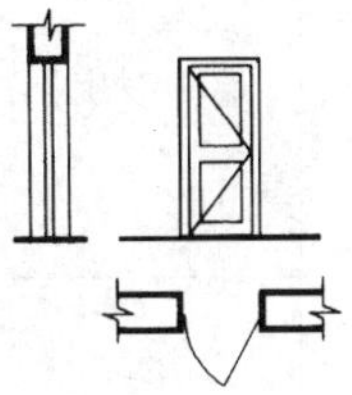

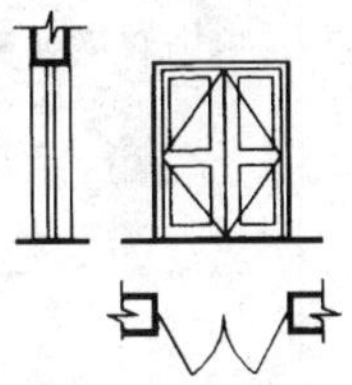

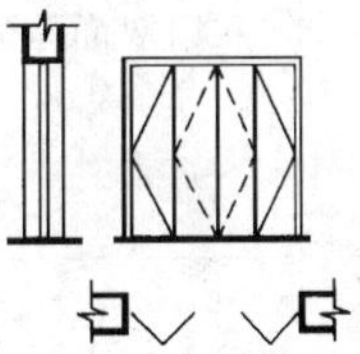

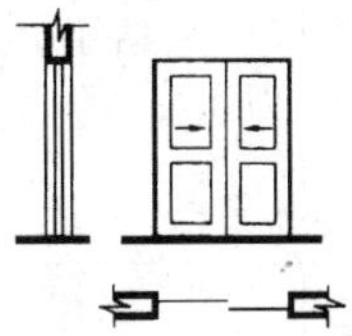

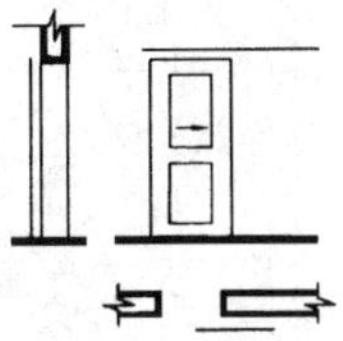

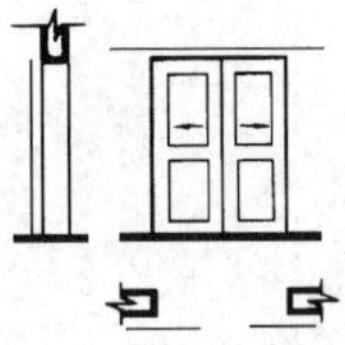

续表

序号	名 称	图 例	序号	名 称	图 例
28	墙中单扇推拉门		35	自动门	
29	墙中双扇推拉门		36	折叠上翻门	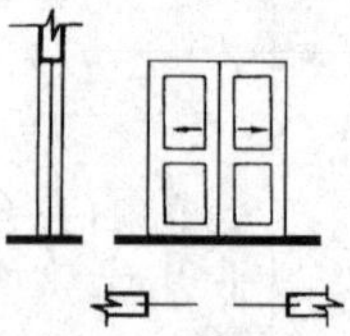
30	单扇双面弹簧门		37	竖向卷帘门	
31	双扇双面弹簧门		38	横向卷帘门	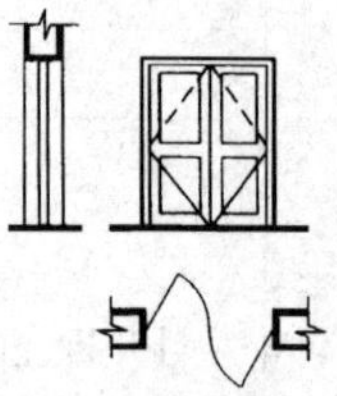
32	单扇内外开双层门（包括平开或单面弹簧）		39	提升门	
33	双扇内外开双门（包括平开或单面弹簧）		40	单层固定窗	
34	转 门		41	单层外开上悬窗	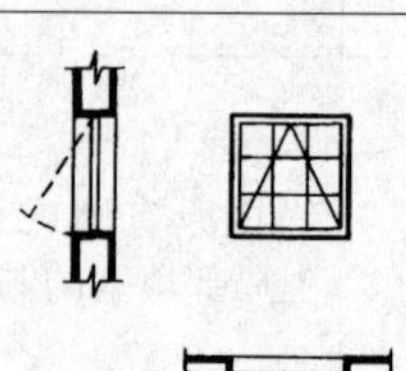

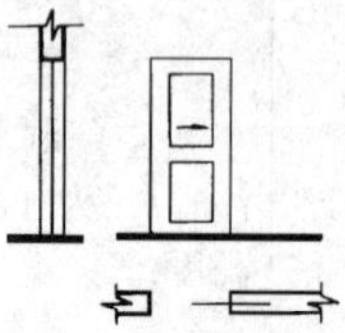

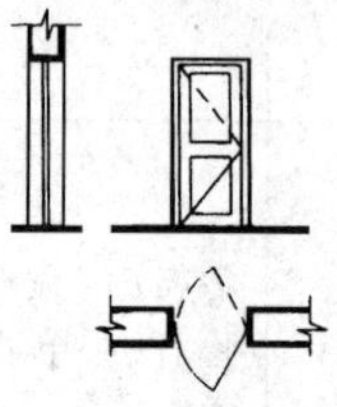

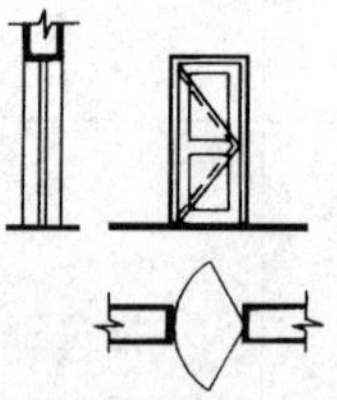

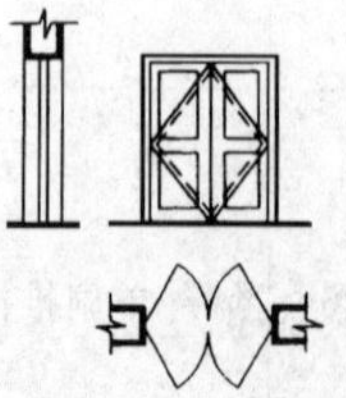

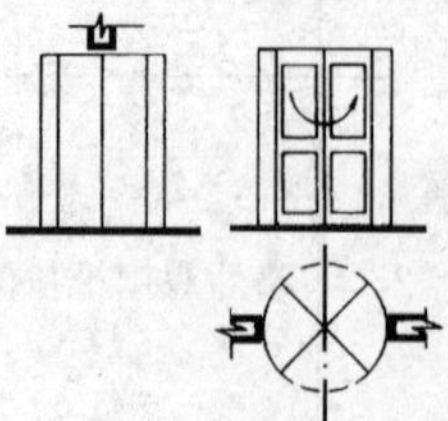

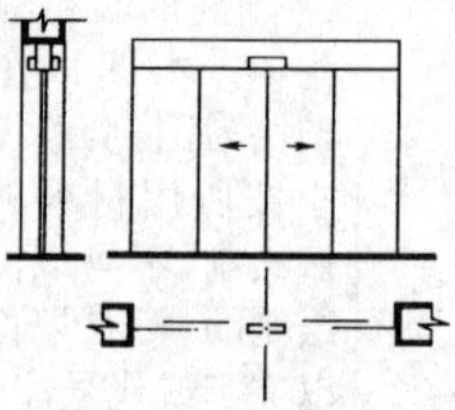

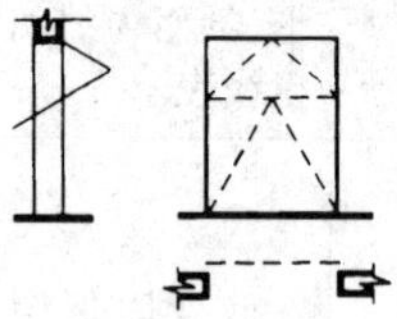

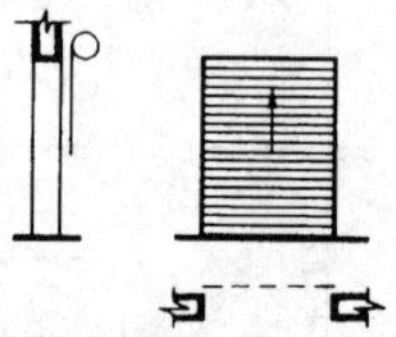

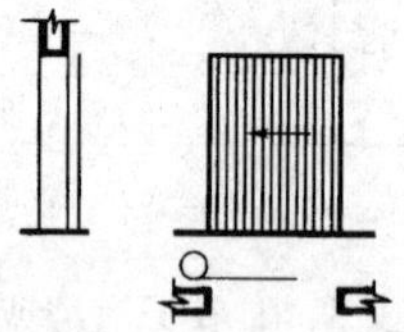

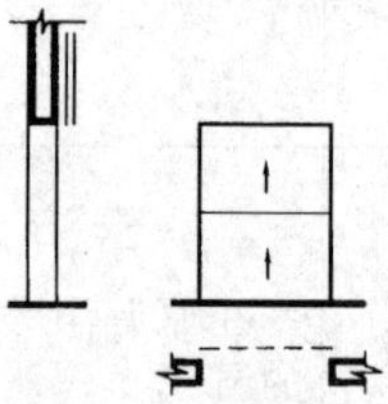

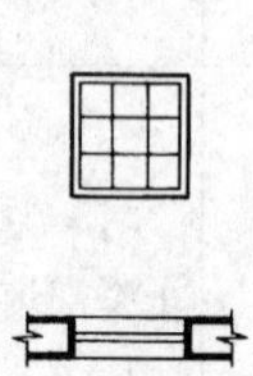

续表

序号	名 称	图 例	序号	名 称	图 例
42	单层中悬窗	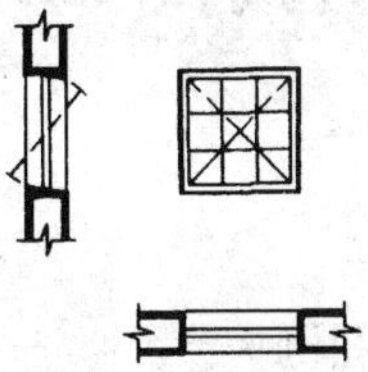	47	双层内外开平开窗	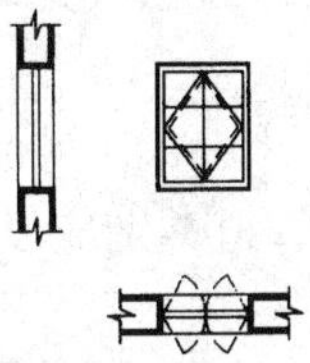
43	单层内开下悬窗	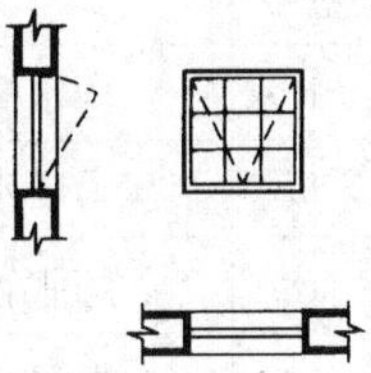	48	推拉窗	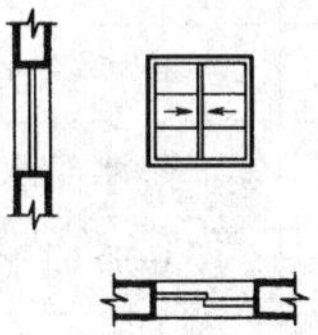
44	立转窗	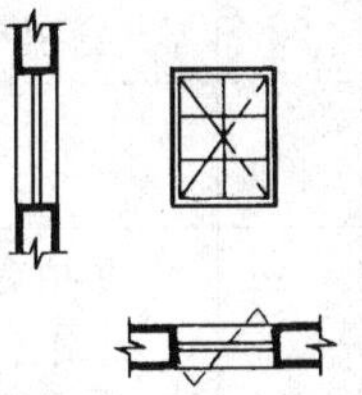	49	上推窗	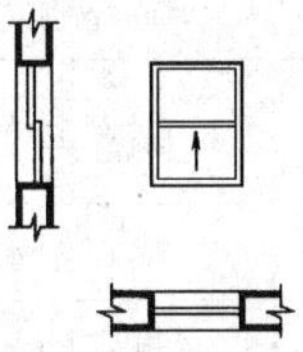
45	单层外开平开窗	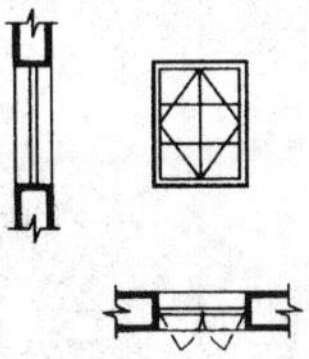	50	百叶窗	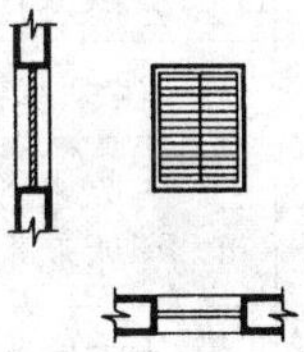
46	单层内开平开窗	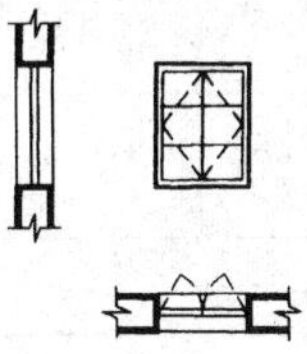	51	高窗	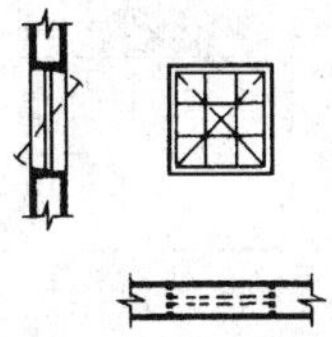 $h=$

图例说明：
1. (1) 门的名称代号用 M
   (2) 图例中剖面图左为外、右为内，平面图下为外、上为内
   (3) 立面图上开启方向线交角的一侧为安装合页的一侧，实线为外开，虚线为内开
   (4) 平面图上门线应 90°或 45°开启，开启弧线宜绘出
   (5) 立面图上的开启线在一般设计图中可不表示，在详图及室内设计图上应表示
   (6) 立面形式应按实际情况绘制
2. (1) 窗的名称代号用 C 表示
   (2) 立面图中的斜线表示窗的开启方向，实线为外开，虚线为内开；开启方向线交角的一侧为安装合页的一侧，一般设计图中可不表示
   (3) 图例中，剖面图所示左为外，右为内，平面图所示下为外，上为内
   (4) 平面图和剖面图上的虚线仅说明开关方式，在设计图中不需表示
   (5) 窗的立面形式应按实际绘制
   (6) 小比例绘图时平、剖面的窗线可用单粗实线表示

189

附录Ⅳ 给排水工程常用图例(摘自 GB/T50106—2001)

管道类别应以汉语拼音字母表示。

1. 管道图例

序号	名　　称	图　例	序号	名　　称	图　例
1	生活给水管	——J——	16	雨水管	——Y——
2	热水给水管	——RJ——	17	压力雨水管	——YY——
3	热水回水管	——RH——	18	膨胀管	——PZ——
4	中水给水管	——ZJ——	19	保温管	～～～
5	循环给水管	——XJ——	20	多孔管	—木—木—木—
6	循环回水管	——Xh——	21	地沟管	═══
7	热媒给水管	——RM——	22	防护套管	▭
8	热媒回水管	——RMH——	23	管道立管 (X:管道类别 L:立管 1:编号)	XL-1 平面　XL-1 系统
9	蒸汽管	——Z——
10	凝结水管	——N——
11	废水管 (可与中水源水管合用)	——F——	24	伴热管	------
12	压力废水管	——YF——	25	空调凝结水管	——KN——
13	通气管	——T——	26	排水明沟	坡向——
14	污水管	——W——	27	排水暗沟	坡向——
15	压力污水管	——YW——			

注：分区管道用加注角标方式表示：如 J_1、J_2、RJ_1、RJ_2……

2. 管道附件

序号	名　称	图　例	序号	名　称	图　例
1	套管伸缩器	▭	4	柔性防水套管	╫
2	方形伸缩器	⊓	5	波纹管	◇
3	刚性防水套管	╫	6	可曲挠橡胶接头	○

续表

序号	名称	图例	序号	名称	图例
7	管道固定支架		15	方形地漏	
8	管道滑动支架		16	自动冲洗水箱	
9	立管检查口		17	挡墩	
10	清扫口	平面　系统	18	减压孔板	
11	通气帽	成品　铅丝球	19	Y形除污器	
12	雨水斗	YD-平面　YD-系统	20	毛发聚集器	平面　系统
13	排水漏斗	平面　系统	21	防回流污染止回阀	
14	通用圆形地漏（如为无水封，地漏应加存水弯）		22	吸气阀	

3. 管道连接

序号	名称	图例	序号	名称	图例
1	法兰连接		7	三通连接	
2	承插连接		8	四通连接	
3	活接头		9	盲板	
4	管堵		10	管道丁字上接	
5	法兰堵盖		11	管道丁字下接	
6	弯折管 表示管道向后及向下弯转90°		12	管道交叉（在下方和后面的管道应断开）	

4. 管 件

序号	名 称	图 例	序号	名 称	图 例
1	偏心异径管		8	弯头	
2	异径管		9	正三通	
3	乙字管		10	斜三通	
4	喇叭口		11	正四通	
5	转动接头		12	斜四通	
6	短管		13	浴盆排水件	
7	存水弯				

5. 阀 门

序号	名 称	图 例	序号	名 称	图 例
1	闸阀		7	液动阀	
2	角阀		8	气动阀	
3	三通阀		9	减压阀（左侧为高压端）	
4	四通阀		10	旋塞阀	平面　系统
5	截止阀	$DN \geqslant 50$　$DN < 50$	11	底阀	
6	电动阀		12	球阀	

续表

序号	名 称	图 例	序号	名 称	图 例
13	隔膜阀		21	蝶阀	
14	气开隔膜阀		22	弹簧安全阀（左为通用）	
15	气闭隔膜阀		23	平衡锤安全阀	
16	温度调节阀		24	自动排气阀	平面 系统
17	压力调节阀		25	浮球阀	平面 系统
18	电磁阀		26	延时自闭冲洗阀	
19	止回阀		27	吸水喇叭口	平面 系统
20	消声止回阀		28	疏水器	

6. 给水配件

序号	名 称	图 例	序号	名 称	图 例
1	放水龙头（左侧为平面，右侧为系统）		6	脚踏开关	
2	皮带龙头（左侧为平面，右侧为系统）		7	混合水龙头	
3	洒水(栓)龙头		8	旋转水龙头	
4	化验龙头		9	浴盆带喷头混合水龙头	
5	肘式龙头				

7. 消防设施

序号	名 称	图 例	序号	名 称	图 例
1	消火栓给水管	——XH——	14	水幕灭火给水管	——SM——
2	自动喷水灭火给水管	——ZP——	15	水炮灭火给水管	——SP——
3	室外消火栓		16	干式报警阀	平面 系统
4	室内消火栓（单口）（白色为开启面）	平面 系统	17	水 炮	
5	室内消火栓（双口）	平面 系统	18	湿式报警阀	平面 系统
6	水泵接合器		19	预作用报警阀	平面 系统
7	自动喷洒头（开式）	平面 系统	20	遥控信号阀	
8	自动喷洒头（闭式下喷）	平面 系统	21	水流指示器	
9	自动喷洒头（闭式上喷）	平面 系统	22	水力警铃	
10	自动喷洒头（闭式上下喷）	平面 系统	23	雨淋阀	平面 系统
11	侧墙式自动喷洒头	平面 系统	24	末端测试阀	平面 系统
12	侧喷式喷洒头	平面 系统	25	手提式灭火器	
13	雨淋灭火给水管	——YL——	26	推车式灭火器	

注：分区管道用加注角标方式表示：如 XH_1、XH_2、ZP_1、ZP_2……

8. 卫生设备及水池

序号	名 称	图 例	序号	名 称	图 例
1	立式洗脸盆		9	妇女卫生盆	
2	台式洗脸盆		10	立式小便器	
3	挂式洗脸盆		11	壁挂式小便器	
4	浴 盆		12	蹲式大便器	
5	化验盆、洗涤盆		13	坐式大便器	
6	带沥水板洗涤盆（不锈钢制品）		14	小便槽	
7	盥洗槽		15	淋浴喷头	
8	污水池				

9. 小型给水排水构筑物

序号	名 称	图 例	序号	名 称	图 例
1	矩型化粪池（HC 为化粪池代号）	HC	7	雨水口（单口）（双口）	
2	圆型化粪池	HC	8	阀门井检查井	
3	隔油池（YC 为除油池代号）	YC	9	水封井	
4	沉淀池（CC 为沉淀池代号）	CC	10	跌水井	
5	降温池（JC 为降温池代号）	JC	11	水表井	
6	中和池（ZC 为中和池代号）	ZC			

10. 给水排水设备

序号	名称	图例	序号	名称	图例
1	水泵	平面　系统	8	开水器	
2	潜水泵		9	喷射器（小三角为进水端）	
3	定量泵		10	除垢器	
4	管道泵		11	水锤消除器	
5	卧式热交换器		12	浮球液位器	
6	立式热交换器		13	搅拌器	
7	快速管式热交换器				

11. 仪　表

序号	名称	图例	序号	名称	图例
1	温度计		8	真空表	
2	压力表		9	温度传感器	T
3	自动记录压力表		10	压力传感器	P
4	压力控制器		11	pH值传感器	pH
5	水表		12	酸传感器	H
6	自动记录流量计		13	碱传感器	Na
7	转子流量计		14	余氯传感器	Cl

附录Ⅴ 电气常用图例及绘制说明

1. 常用线型及线宽

序号	名称	线型	线宽	一般应用
1	粗实线	——————	b	常用线,如方框线、主汇流条、母线、电缆
2	粗虚线	— — — —	b	隐含线,如主汇流条、母线、电缆
3	中粗实线	——————	$0.5b$ $0.75b$	基本线、常用线、如导线、设备轮廓线
4	中粗虚线	— — — —	$0.5b$ $0.75b$	隐含线,如导线
5	细实线	——————	$0.25b$	基本线、常用线,如控制线、信号线、建筑轮廓线、各种标注线
6	细虚线	— — — —	$0.25b$	辅助线、屏蔽线、隐含线,如控制线、信号线、轮廓线
7	细点划线	—·—·—	$0.25b$	分界线,结构、功能、单元相同的围框线
8	长短划线	——·——	$0.25b$	分界线,结构、功能、单元相同的围框线
9	双点划线	—··—··—	$0.25b$	辅助围框线
10	折断线	⟋⟍	$0.5b$ $0.25b$	断开界线
11	波浪线	∿∿∿	$0.5b$ $0.25b$	断开界线

2. 常用比例

序号	名称	比例	备注
1	总平面图、规划图	1:5000、1:2000、1:1000、1:500、1:300	宜于总图专业一致
2	电气竖井、设备间、变配电室平、剖面图	1:100、1:50、1:30	
3	建筑电气平面图	1:200、1:150、1:100、1:50	宜于建筑专业一致
4	详图、大样图	1:50、1:20、1:10、1:5、1:2、1:1、2:1、5:1、10:1、20:1	

3. 安装方法的标注

序号	名　　称	字母代号	序号	名　　称	字母代号
	线路敷设方法的标注		6	暗敷设在屋面或顶板内	CC
1	穿焊接钢管敷设	SC	7	吊顶内敷设	SCE
2	穿电线管敷设	MT	8	地板或地面下敷设	FC
3	穿硬塑料管敷设	PC			
4	电缆桥架敷设	CT		灯具安装方法的标注	
5	金属线槽敷设	MR	1	线吊式、自在器线吊式	SW
6	塑料线槽敷设	PR	2	链吊式	CS
7	穿金属软管敷设	CP	3	管吊式	DS
8	直埋敷设	DB	4	壁装式	W
9	电缆沟敷设	TC	5	吸顶式	C
10	混凝土排管敷设	CE	6	嵌入式	R
			7	吊顶内安装	CR
	导线敷设部位的标注		8	墙壁内安装	WR
1	暗敷在梁内	BC	9	支架上安装	S
2	沿或跨柱敷设	AC	10	柱上安装	CL
3	沿墙面敷设	WS	11	座装	HM
4	暗敷设在墙内	WC			
5	沿顶板面敷设	CE			

4. 电气设备的标注

序号	标注方式	说　　明	示　　例	备注
1	$\dfrac{a}{b}$	用电设备 a—设备编号或设备位号 b—额定功率(kW 或 kVA)	$\dfrac{\text{P01B}}{37\text{kW}}$ 热媒泵的位号为 P01B，容量为 37kW	
2	$-a+b/c$	概略图电气箱(柜、屏)标注 a—设备参照代号 b—设备安装位置的参照代号 c—设备型号	AP1＋1　B6/XL21—15 动力配电箱参照代号　AP1，位置代号＋1·B6 即安装位置在一层 B、6 轴线，型号 XL21—15	

续表

序号	标注方式	说 明	示 例	备注
3	ab/cd	照明、安全、控制变压器标注 a—设备参照代号 b/c—一次电压/二次电压 d—额定容量	TL1 220/36V 500VA 照明变压器 TL1 变比 220/36V 容量 500VA	
4	$a-b\dfrac{c\times d\times L}{e}f$	照明灯具标注 a—灯数 b—型号或编号(无则省略) c—每盏照明灯具的灯泡数 d—灯泡安装容量 e—灯泡安装高度(m) "—"表示吸顶安装 f—安装方法 L—光源种类	$5-BYS80\dfrac{2\times40\times FL}{3.5}CS$ 5 盏 BYS—80 型灯具,灯管为二根 40W 荧光灯管,灯具链吊安装,安装高度距地 3.5 m	
5	—a	平面图电气箱(柜、屏)标注 a—设备参照代号	AP1 动力配电箱 AP1	
6	$ab-c(d\times e+f\times g)i-jh$	线路的标注 a—线缆编号 b—型号(不需要可省略) c—线缆根数 d—电缆线芯数 e—线芯截面(mm²) f—PE、N 线芯数 g—线芯截面(mm²) i—线缆敷设方式 j—线缆敷设部位 h—线缆敷设安装高度(m) 上述字母无内容则省略该部分	WP201 YJV-0.6/1kV-2(3×150+2×70) SC80-WS3.5 电缆号为 WP201 电缆型号、规格为 YJV-0.6/1kV-(3×150+2×70) 2 根电缆并联连接 敷设方式为穿 DN80 焊接钢管沿墙明敷 线缆敷设高度距地 3.5 m	
7	$\dfrac{a\times b}{c}$	电缆桥架的标注 a—电缆桥架宽度(mm) b—电缆桥架高度(mm) c—电缆桥架安装高度(m)	$\dfrac{600\times150}{3.5}$ 电缆桥架宽度 600 mm 桥架高度 150mm 安装高度距地 3.5 m	
8	$\overline{\dfrac{a-b-c-d}{e-f}}$	电缆与其他设施交叉点标注 a—保护管根数 b—保护管直径(mm) c—保护管长度(m) d—地面标高(m) e—保护管埋设深度(m) f—交叉点坐标	6-DN100-1.1m--0.3m -1m-A=174.235; B=243.621 电缆与设施交叉,交叉点坐标为 A=174.235;B=243.621,埋设 6 根长 1.1 m DN100 焊接钢管,钢管埋设为-1 m(地面标高为-0.3 m)	

续表

序号	标注方式	说 明	示 例	务 注
9	a—b(c×2×d) e—f	电话线路的标注 a—电话线缆编号 b—型号(不需要可省略) c—导线对数 d—线缆截面 e—敷设方式和管径(mm) f—敷设部位	W1—HPVV(25×2×0.5) MR—WS W1 为电话电缆号 电话电缆的型号、规格为 HPVV(25×2×0.5) 电话电缆敷设方式为用金属线 槽敷设电话电缆沿墙面敷设	
10	$\frac{a \times b}{c}d$	电话分线盒、交接箱的标注 a—编号 b—型号(不需要可省略) c—线序 d—用户数	$\frac{\#3 \times NF-3-10}{1-12}6$ #3 电话分线盒的型号规格 为 NF—3—10,用户数为 6 户,接线线序为 1～12	未考虑设 计用户数 时的标注 方法
11	$\frac{a}{b}c$	断路器整定值的标注 a—脱扣器额定电流 b—脱扣整定电流值 c—短延时整定时间(瞬断不标注)	$\frac{500A}{500A\times3}0.2S$ 断路器脱扣器额定电流为 500A,动作整定值为 500A× 3,短延时整定值为 0.2 s	
12	L1 L2 L3	交流系统电源第一相 交流系统电源第二相 交流系统电源第三相		
13	N	中性线		
14	PE	保护线		
15	PEN	保护和中性共用线		

序号	图例	名 称	序号	图例	名 称
1	规划(设计)的 ○ 运行的 ●	变电所、配电所	6	□☆ 根据需要参照代号"☆"标注在图形符号旁边区别不同类型电气箱(柜) 例:□ AL11 AL:字母代码 11:序列号 表示为一层 1 号照明配电箱	AC—控制箱字母代码 AL—照明配电箱字母代码 ALE—应急照明箱字母代码 AP—动力配电箱字母代码 AS—信号箱字母代码 AT—双电源切换箱字母代码 AW—电能表箱字母代码 AX—插座箱字母代码 ABC—设备监控箱字母代码 ADD—住户配线箱字母代码 ATF—放大器箱字母代码 AVP—分配器箱字母代码
2	─○─	架空线路			
3	○	管道线路			
4	▭	电缆沟线路			
5	─▭─	过孔线路			

附注:"☆"为参照代号,参照代码包括字母代码和序列号。

续表

序号	图例	名称	序号	图例	名称
7		带有设备箱的固定式分支器的直通区域,星号应以所用设备符号代替或省略 F—开关熔断器组(负荷开关)、熔断器箱 K—刀开关箱 Q—断路器、母线槽插接箱 XT—接线端子箱	20		n管荧光灯
			21		1P—单相(电源)插座
					3P—三相(电源)插座
				根据需要"★"用字母标注在图形符号旁边区别不同类型插座	1C—单相暗敷(电源)插座
					3C—三相暗敷(电源)插座
					1EN—单相密闭(电源)插座
					3EN—三相密闭(电源)插座
8		障碍灯,危险灯,红色闪烁,全向光束			
9		投光灯,一般符号	22	根据需要"★"用字母标注在图形符号旁边区别不同类型插座	TP—电话插座
					TV—电视插座
10		聚光灯			TD—计算机插座
					TO—信息插座
11		泛光灯			TF—光纤插座
12	根据需要"★"用字母标注在图形符号旁边区别不同类型灯具。例⊗ST表示为安全照明	C—吸顶灯	23		具有护板的(电源)插座
		E—应急灯			
		G—圆球灯	24		具有单极开关的(电源)插座
		L—花灯			
		P—吊灯	25		具有隔离变压器的插座
		R—筒灯			
		W—壁灯	26		接线盒、连接盒
		EN—密闭灯	27		单联单控扳把开关
		LL—局部照明灯			
13		自带电源的事故照明灯	28		双联单控扳把开关
14		应急疏散指示标志灯	29		三联单控扳把开关
15		应急疏散指示标志灯(向左)	30		n联单控扳把开关
16		应急疏散指示标志灯(向右)	31		带指示灯的开关
17		单管荧光灯	32		两控单极开关
18		二管荧光灯	33		调光器
19		三管荧光灯	34		限时开关

201

续表

序号	图例	名称	序号	图例	名称
35	✗t	带指示灯的限时开关	57	FI	楼层显示器
36	◎	按钮	58	RS	防火卷帘门控制器
37	⊗	带有指示灯的按钮	59	RD	防火门磁释放器
38	⊚	门铃开关,带夜间指示灯	60	M	模块箱
39	⌒	门铃	61	S	感烟探测器
40	△	星—三角起动器	62	SN	非编码感烟探测器
41	⌀	自耦变压器式起动器	63	↓	感温探测器
42	—∞	风扇,示出引线	64	↓N	非编码感温探测器
43	M	电动机	65	↙	可燃气体探测器
44	G	发电机	66	△	感光火焰探测器
45	HM	热能表	67	O	输出模块
46	GM	燃气表	68	I	输入模块
47	WH	水表	69	I/O	输入/输出模块
48	Wh	电度表	70	SI	短路隔离器
49	▱	窗式空调器	71	P	压力开关
50	▭	风机盘管	72	Y	手动报警按钮
51	T 温度	温度传感器	73	Ỵ	带手动报警按钮的火灾电话插孔
52	H 湿度	湿度传感器			
53	P 压力	压力传感器	74	Y	消火栓起泵按钮
54	ΔP 压差	压差传感器	75	⌂	火灾警铃
55	C	集中型火灾报警控制器	76	▽	火灾光报警器
56	Z	区域型火灾报警控制器	77	▱	火灾声、光报警器

续表

序号	图例	名称	序号	图例	名称
78		火灾报警电话机	98		门(窗)磁开关
79		电磁阀	99		电控锁
80		水流指示器	100		玻璃破碎探测器
			101		被动红外/微波双技术探测器
81		单口室内消火栓(系统)	102	IR	红外遥控器
82		单口室内消火栓(平面)	103		固定摄像机
83		双口室内消火栓(系统)	104		球型摄像机
84		双口室内消火栓(平面)	105		带云台彩色摄像机
85		表示 70℃动作的常开防火阀	106	BD	建筑物配线架
86		表示 280℃动作的常开排烟阀	107	FD	楼层配线架
87		表示 280℃动作的常闭排烟阀	108	UPS	不间断电源
88		排烟口	109	HUB	集线器
89		增压送风口	110	LIU	光纤互连装置
90		空气过滤器(中效)	111	SW	交换机
91		电加热器	112		C—吸顶式扬声器
92		加湿器			R—嵌入式扬声器
93		访客对讲电控防盗门主机			W—壁挂式扬声器
94		可视对讲机	113		扬声器箱、音箱、声柱
95		对讲电话分机(带呼救按钮)	114		避雷针
96		对讲电话分机	115		缆线连接
97		紧急按钮开关			

续表

序号	图例	名　称	序号	图例	名　称
116		单根连接线汇入线束示例	124	LP	避雷线、带、网
117		电缆桥架线路	125	V	视频线路
118		向上配线	126	R	射频线路
119		向下配线	127	F	电话线路
120		中性线	128	B	广播线
121		保护线	129	T	数据传输线路
122	E	接地线	130		光纤或光缆
123	PE	保护接地线			

参考答案

1 园林制图基础知识

1) 零号(1 189×841 mm) 壹号(841×594 mm) 贰号(159×420 mm)

2) √，×，×，×，

3)

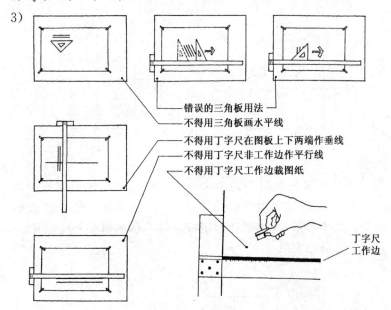

4) 错误。画图时要依顺时针方向旋转。　　5) a 正确，分规所确定的点应在直线上。

6) 4.5 m，9 m，22.5 m，45 m　　7) a.√；b.×；c.×；　　8) 略

2 投形的基本知识

1) 投形有 3 种类型：中心投形，斜平行投形，正投形

正投形图的特点：① 点的正投形仍是点，正过该点垂直于投形面的投射线的垂足处；

② 如果两点位于某一投形面的同一条垂直线上，则此两点在该投形面上的投形必重合；

③ 平行于投形面的直线在该投形面上的投形仍是一条直线，且反映这条空间直线的实长；

④ 垂直于投形面的直线在该投形面上的投形积聚成一点；

⑤ 倾斜于投形面的直线在该投形面上的投形仍是一条直线，但长度较空间直线的实长为短；

⑥ 直线上任意一点的投形必在该直线的投形上；

⑦ 平行于投形面的平面在该投形面上的投形，反应该平面的实形，即形状和大小不变；

⑧ 垂直于投形面的平面在该投形面上的投形积聚形一条直线，且该平面（包括延展面）

上所有的线和点的投形都积聚在该直线上；

⑨ 倾斜于投形面的平面在该投形面上的投形仍为平面,但不反映原平面的实形。

2) 三面正投形图的投影规律：

① 同一物体的三个投形图之间具有"三等关系",即：高平齐、长对正、宽相等。

② 任何一个物体都有上、下、左、右、前、后六个方向的形状和大小,在三个投形图中,每个投形图各反映其中四个方向的情况。

3) (a) 中心投形　(b) 正投形　(c) 斜平行投形
　　(d) 中心投形　(e) 斜平行投形　(f) 正投形

4)

5) 求作 A、B 两点的正投形图。

6) 求作 AB 直线的正投形图。

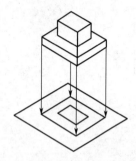
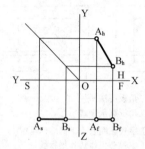
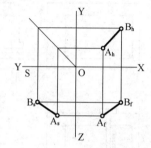

7) 求作以下平面的正投形图。

8) 已知平面图形的两个投形,求作平面图形的另一个投形,并用纸片剪出或画出实形。

9) 已知建筑形体的两个投形图,求作建筑形体的另一个投形图。

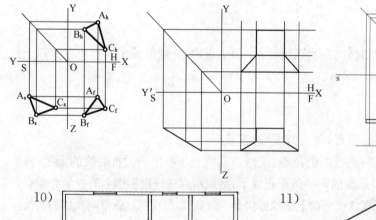
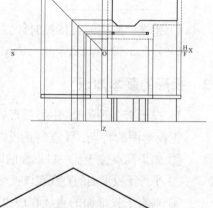

10)

11)

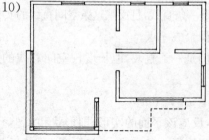

1-1 剖面

3　植物的表现方法 （略）

4　山石和水体的表示方法

1)~3) 略。　4)　　　　　　　　　小瀑布　　　　　5)~7) 略。

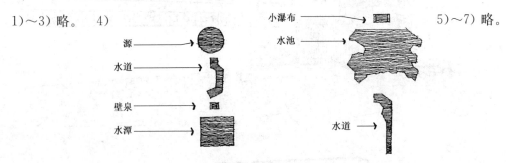

不同的水面形状

5　地形、道路的表示方法

1) 略。　2)

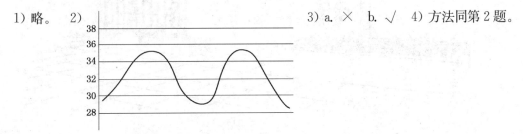

3) a. ×　b. √　4) 方法同第 2 题。

6　园林建筑

1) 答案略。

2)

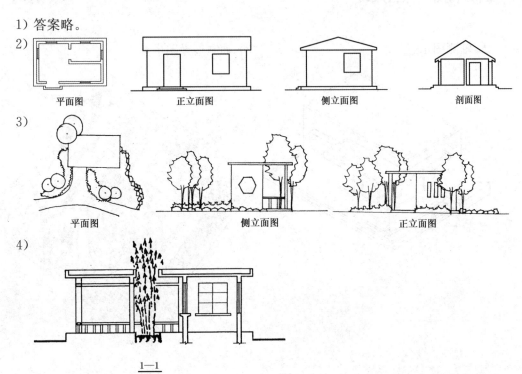

1—1

5)

透视图

6)

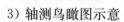

透视图

7 园林制图的综合表现

1) 略

2) 轴测图示意　　　　3) 轴测鸟瞰图示意

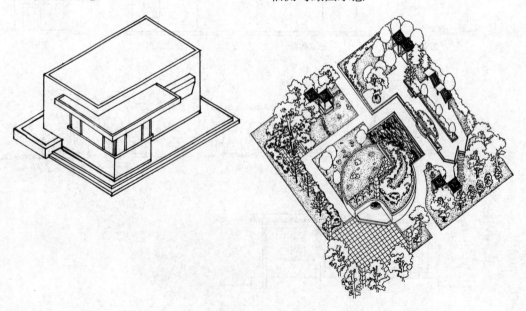

4) 一点透视鸟瞰图示意

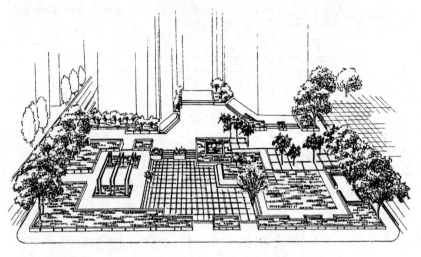

5) 两点透视鸟瞰图示意　　6) 略

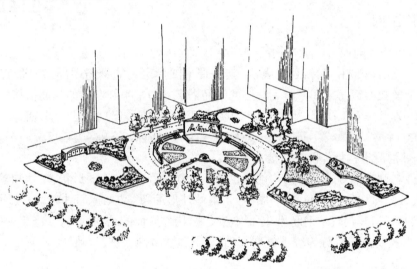

8 园林设计图

1)　　　　　　　　　　　2)

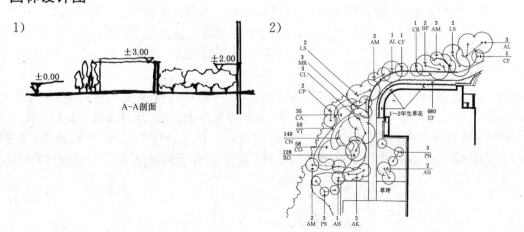

3)

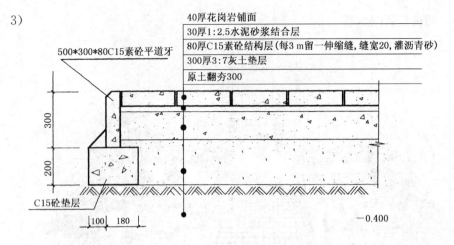

剖面图的内容包括如下。

① 路面、广场纵横剖面上的标高;② 路面结构:表层、基础做法;③ 图纸的比例尺一般为:1∶20～1∶50。

9 结构施工图

1)(1)钢筋横断面 (2)无弯钩的钢筋端部 (3)无弯钩的钢筋端部(表示长、短钢筋投影重叠时短钢筋的端部用45°斜划线表示)(4)带半圆形弯钩的钢筋端部 (5)带直钩的钢筋端部 (6)带丝扣的钢筋端部 (7)无弯钩的钢筋搭接 (8)带半圆弯钩的钢筋搭接

2)(1)基坑 (2)防潮层 (3)基础墙 (4)大放脚 (5)垫层 (6)地基

3)(1)箍筋 (2)架立筋 (3)受力筋 (4)分布筋 (5)受力筋

4)钢筋混凝土构件详图的主要内容有:

①构件名称或代号、比例;②构件定位轴线及其编号;③构件的形状、尺寸和预埋件代号及布置(模板图),构件的配筋(配筋图) 当构件外形简单,又无预埋件时,一般用配筋图来表示构件的形状和配筋;④钢筋尺寸和构造尺寸,构件底面的结构标高;⑤施工说明等。

5)按其构造形式可分为墙下条型基础、柱下独立基础、整板基础等。

10 设备施工图

1)管线发生冲突时,避让的一般原则是:①还没有建设的管线让已建成的管线;②临时的管线让永久的管线;③小管道让大管道;④压力管道让重力自流管道;⑤可弯曲的管道让不易弯曲的管道;⑥管线之间或管线与建筑物、构筑物之间的水平距离和垂直净距要满足技术、卫生、安全等要求。

2)N1回路照明装置有8套YG单管1×40 W日光灯,悬挂高度距地3 m,悬吊方式为链(L)吊,2套YG日光灯为双管40 W,悬挂高度距地3 m,悬挂方式为链(L)吊。日光灯均装有对应的开关。带接地插孔的单箱插座有5个。N2回路与N1回路相同,N3回路上装有3套100 W、2套60 W的大棚灯和2套100 W壁灯,灯具装有相应的开关,带接地插孔的单相插座有2个。

参 考 文 献

[1] 王浩主编.园林制图.南京:东南大学出版社,1999.
[2] 王晓俊.风景园林设计.南京:江苏科技出版社,1993.
[3] 钟训正.建筑画环境表现与技法.北京:中国建筑工业出版社,1989.
[4] 辽宁省林业学校,南京林业学校编.园林制图.北京:中国林业出版社,1992.
[5] 全国职业高中建筑类专业教材编写组编.建筑制图与识图.北京:高等教育出版社,1994.
[6] 钟训正,孙钟阳,王文卿编著.建筑制图.南京:东南大学出版社,1990.
[7] 中国大百科全书·建筑·园林·城市规划.北京:中国大百科全书出版社,1998.
[8] 华南工学院建筑系编著.园林建筑设计.北京:中国建筑工业出版社,1986.
[9] 廖远明主编.建筑图学(上、下册).北京:中国建筑工业出版社,1990.
[10] 山城义彦著.基本透视实务技法.合肥:新形象出版事业有限公司,1993.
[11] 格兰.W.雷德著.景观设计绘图技巧.合肥:安徽科学技术出版社,1999.
[12] 陈文斌,章金良编著.建筑工程制图.上海:同济大学出版社,1997.
[13] 何铭新,陈文耀,陈启梁编著.建筑制图.北京:高等教育出版社,1994.
[14] 山东省技工学校建筑类统编教材.建筑识图与制图.北京:中国劳动出版社,1994.
[15] 刘新燕主编.园林工程建设图纸的绘制与识别.北京:化学工业出版社,2001.
[16] 马晓燕,卢圣编著.园林制图(修订版).北京:气象出版社,2001.
[17] 王浩,谷康,高晓君编著.城市休闲绿地图录.北京:中国林业出版社,1999.
[18] 王晓春,吉琳,姚江潮编著.园林制图与花园设计.北京:中国农业出版社,1999.
[19] 段渊古主编.钢笔画.北京:中国林业出版社,2007.
[20] 过伟敏,史明编著.快速环境艺术设计60例.南京:江苏科学技术出版,2007.
[21] 吴机际编著.园林工程制图习题集.广州:华南理工大学出版社,2004.